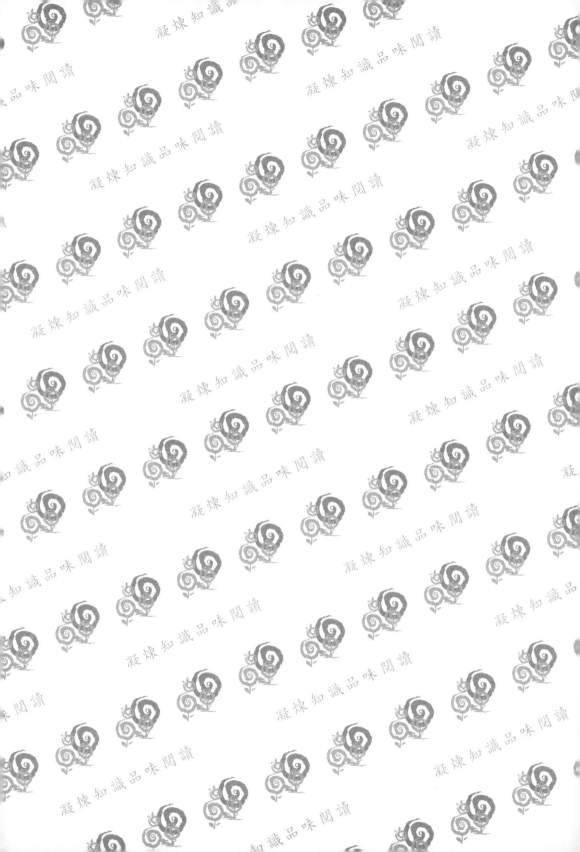

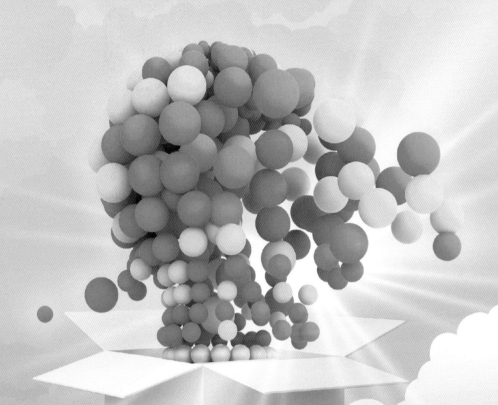

簡報與提案說服

10堂職場必修簡報術

五南圖書出版公司 印行

賴建都 著

自序 ▸▸▸

課堂上沒教的簡報致勝祕密

　　30年前，我從美國留學回來，在廣告公司的創意部當一個小主管，當時我便發現廣告公司裡的人，無論是創意人或業務企劃，有70%的時間花在簡報上，不是聽別人做簡報，就是自己要提案。在沒有電腦PPT投影片的年代，作簡報是一門藝術，甚至需要有一點表演的天分。現今簡報提案技巧已是職場必備的溝通能力，就連在校的學生也是必須學習的重要科目。

　　隨著職場上不斷演變及競手的需求，如何利用簡報的工具與軟體，有效地將內容傳遞出去，並達到說服的效果，已是現代人必須具備的專業才能。根據認知學習理論，人的知識有90%是從眼睛的視覺感官學習來的，僅有7%至11%是從耳朵的聽覺感官學習，因此，簡報人若能充分使用視覺工具，不僅能加深聽眾的記憶，而且簡報的效果也比口頭演講者更有說服力。

　　國外有句諺語「Seeing is believing」（眼見為憑），大多數人都是憑著所看到的事物來做決定。簡報的過程中，將內容視覺化是有助於說服聽眾的，至於如何設計一份清晰易懂並引人入勝的視覺輔助資料便相當重要了。一個成功的簡報提案，不僅是製作投影片而已，更要與台下聽眾建立互動、取得信任，引發聽眾的共鳴和認同，這才是成功的簡報。過程中的肢體語言、手勢動作、音調高低、目光接觸及互動技巧，都同樣具有重要的地位，只要掌握得宜並充分練習，人人都可以是簡報達人。

　　本書《簡報與提案說服》10堂課程中，作者以30年、超過千場以上職場簡報實戰經驗，教你克服障礙，學習簡報製作技巧與說服演說要

訣，引導各行各業的職人，思考如何善用現有資源，精進企劃與溝通能力。除了節省會議時間，提高會議效率，更能協助推動業務提案，達成銷售目標。課程中包含經驗傳授與實務製作演練，帶領讀者熟悉簡報製作的流程與工具使用，最終達成簡報達人的目標。

要學習簡報提案的技巧，必須先學習或了解以下幾個簡報能力指標，這幾個指標可以幫助學習並清楚自己將獲得哪些簡報專業知識：

一、 了解簡報提案對業務溝通與銷售推廣的重要性。

二、 熟悉簡報提案的基本流程，具有製作簡報的能力，包括：工具軟體駕輕就熟、掌握內容編排設計的概念與方法，避免常見的簡報錯誤。

三、 清楚說理論點的說服模式與訊息設計的方法。

四、 學習出色的表達能力與臨場應變能力、充分掌握聽眾步調與需求，並針對問題提供有利的資訊及解決方案。

五、 隨時自我評估與精進簡報實務呈現的能力。

撰寫本書的構想原是無心插柳的過程。20多年前，國家文官培訓所（國家文官學院前身）邀請我開設「簡報技巧」課程，同時也協助編寫課程講義。當初邀請者的構想是請我講授簡報投影片的設計，沒想到我將這門課擴展到提案說服與公眾演說的層次。隨著口語表達與公眾演說的技巧越來越受到重視，讓我有開始著手寫書的念頭。本書從構想到完成歷時5年，感謝家人與各界好友的支持協助，同時也謝謝世新大學陳若涵同學協助繪製插圖，讓本書更加活潑生動。

2020年10月30日

CONTENT ▶▶▶
目錄

圖1-1　成功的簡報銷售關鍵在「情報」與「誘因」

第 1 堂

15分鐘完售商品的簡報力

壹、
完售商品的祕訣

　　台灣的電視購物台業者，早期大都來自有線電視的頻道商。2000年後，隨著有線電視收視戶的普及，讓電視購物通路逐漸竄起。早期電視購物的營運型態有如市場叫賣的翻版，主持人用誇大、洗腦式的語調，令許多電視觀眾感覺低俗、甚至厭煩，因此，只要遙控器轉到電視購物台頻道，二話不說就立即轉台，再加上購物台所販售的商品良莠不齊，即使有些觀眾抱著姑且一試的態度嘗試訂購，結果也是讓人大失所望，有線電視業者的投資在初期幾年都在虧損的狀態。

　　2002年，筆者受邀進入東森購物集團擔任企業顧問，集團總裁希望筆者從學術的角度，大膽協助他們，在從無到有的摸索中，讓電視購物產業站穩腳步。東森電視台是最早經營電視購物業者之一，並在台灣虛擬通路行業中扮演領頭羊的角色。除了電視購物外，東森電視著手經營型錄購物、網站購物等通路，企圖擴展台灣電子商務的版圖。

　　當我進入購物台時，集團已經連續虧損好幾年，我便從科學研究為他們找到解決問題的配方，儘管總裁常常開玩笑說，沒關係，虧損到100億就收手，退出台灣市場，但總覺得自己來集團可不是要協助他們關門大吉的，總要找到扭轉集團的契機。

　　進入東森購物第一件事，就是針對全國有線電視收視戶，進行民眾收視行為的大調查，藉以了解客戶的收視習慣及收視偏好。有了這些科學調查數據作倚靠，便開始進行電視購物節目型態的大改造，這些改造包括了以下幾個重點：

一、15分鐘內賣光產品的使命

每一件商品只作15分鐘的介紹，也就是說，15分鐘內必須將所有商品賣出。為什麼是15分鐘而不是30分鐘或一小時？根據筆者進行的收視調查發現，並非民眾看到購物台都會轉台，許多家庭主婦都會好奇地看購物台，看他們口沫橫飛究竟在賣些什麼？其實電視購物台有九成的客戶皆是來自家庭主婦，家庭主婦也是每一個家庭的主要購物者。重要的是，根據調查，這些觀眾在收看電視購物時，頂多停留15分鐘，15分鐘要是說服不了觀眾，他們立即轉台。因此，這關鍵的15分鐘成為商品是否會吸引觀眾眼球的黃金時刻，成敗在於現場的購物專家（購物台主持人）的簡報銷售手段，是引爆商品熱銷的最重要因素。

二、商品熱銷背後的成功方程式

電視購物的熱潮與商品狂賣不是偶然，其背後有一套成功的模式不斷被複製，讓再難銷售的產品在這模式下，也能不斷創造佳績。2003年，虛擬通路概念在台灣誕生沒多久，電子商務還在萌芽階段，當時一款本田Honda CRV休旅車，首先嘗試在購物台販售，竟然在15分鐘的節目中完售100台，不僅在購物台中創下單件產品高額成交紀錄，更完全打破汽車購買的傳統模式──必須看到實體汽車，完成試車，再下訂金購買的銷售模式，這項創舉不僅為東森購物創下良好口碑，也在無店舖通路產業上轟動許久。

當時我引用最基本廣告的原理，結合先前收視行為調查的科學依據，在改良後，我將它套用在簡報銷售上，獨創一個「AIDA的簡報銷售模式」。善用這套成功的模式，不斷在許多商品的簡報上複製，無往不利地說服電視機前的觀眾，讓他們毫無抵抗地不斷打電話來訂購產品。AIDA的簡報模式源自消費行為與廣告心理的經典理論AIDMA，這

個歷經百年的行銷理論，我再將它淬煉後，成功應用在購物台的簡報銷售上，幾乎是無往不利。

（一）創造吸睛 A（Attention）

簡報要如何吸睛？在購物台的節目現場，購物專家必須口齒清晰、流利，並且外表穿著引人注目，現場更是要打造彷彿綜藝節目的舞台現場以抓住觀眾的目光，因此，從燈光、美術設計到副控室的硬體設備都是業界一流水準。購物台這麼做，道理很簡單，有了吸睛的效果，才能邁向成功簡報銷售的第一步。

（二）激發興趣 I（Interesting）

當觀眾的目光被吸引住後，緊接著就是要讓觀眾覺得內容有趣，想繼續停留下去一看究竟，通常購物專家會用誇張的語氣來炒熱現場氣氛，但光靠這樣還不足以讓觀眾覺得內容有趣，節目過程中，他們會搭配「使用前與使用後」（before & after）的比較，或者是與他牌產品「優點與缺點」（pros & cons）的比較。除此之外，購物專家會採用「實證手法」來證明推薦產品的確有效果，常見的如：清潔劑的去污效果或是鍋子的烹煮過程，尤其是觀眾常有「眼見為憑」的認知，因此，讓他們「親眼目睹」是最好的呈現方式。

為了增加觀眾對產品的信心，購物專家會找來專家背書或是消費者的使用見證，有的商品會連同代言人也一起上購物台節目，這些都有助於觀眾對產品產生興趣。上述這些手法，說穿了都是我們在簡報提案中常見的手法，我將它修改後，結合電視購物的聲光效果展現出來，結果證明這個源自廣告說服的理論，運用在購物台的銷售推薦中，同樣地適用。

（三）產生慾望 D（Desire）

這是簡報說服中最重要的階段，換言之，當電視觀眾的目光被吸引住後，要將視覺的刺激撩撥成內心的渴望，於是感官的刺激將轉化成一股催化劑，將觀眾過去愉悅的經驗一點一滴的召喚出來，而當這股濃烈的渴望充斥在消費者的大腦時，其慾望也就在內心深處盤據不散，這時唯有將這股慾望轉化成行動才能滿足他們。

我將過去拍攝廣告的攝影技巧融入在節目中，利用許多近距離Close-up的拍攝技巧，例如：在銷售珠寶精品類商品時，我會建議導播巧妙地運用燈光，讓畫面呈現出商品的特色，讓觀眾感覺商品彷彿就在他們的眼前，這種Close-up商品的特寫方式，即使親自在現場也無法體驗這麼近距離的超寫實視覺效果。電視機前的觀眾，其內心的渴望也就一點一滴的被召喚出來。除了珠寶、名錶及精品的特寫效果外，服裝、3C家電產品，甚至是食品，也都是Close-up特寫拍攝所適用的產品。

其實令許多人詫異的是，購物台竟然也銷售起旅遊商品，在過去旅行社在銷售旅遊景點的商品時，僅限在平面媒體中刊登景點的圖片及文字敘述，但購物台在銷售旅遊商品時，會用景點錄影的方式，就像是旅遊節目的介紹手法一樣，甚至連旅遊節目的主持人都邀請到錄影現場，這種手法更加激發觀眾的內心渴望，這種視覺再加上聽覺的感官刺激，不僅讓觀眾印象深刻，甚至緊緊的扣連著後續購買信念的觸動。

（四）採取行動 A（Action）

所有的說服過程最後一個階段就是行動。由於認知、喜歡的階段中，觀眾未必會有所行動，因為不是所有的消費者都是衝動型的購買者，看到有興趣的商品就會立即撥打電話訂購，因此，在節目進行到創造慾望階段時，這時就會有倒數計時的現場效果出現，透過這種聲音傳

遞意味節目馬上要進入尾聲，產品優惠即將結束，不把握機會則稍縱即逝。由於大多數的觀眾，求學過程中一定歷經無數次的考試，對考試鐘響交卷的記憶一定相當深刻，考試鐘響時會迫使考生作答。同樣的，節目中出現計時的「滴答」聲音會催促觀眾盡快採取行動，撥打電話訂購產品。

不過有經驗的觀眾也會發現，即使倒數計時的時間終了，購物專家還在賣力推銷產品，這便是商品銷售未如預期，製作人額外延長時間，爭取最後的業績衝刺。這時購物專家就會祭出最大的「誘因」，一定要讓觀眾覺得物超所值，在行銷傳播的理論中就很清楚的指出，光有訊息是不夠的，適時提供誘因可以刺激消費者採取行動。在筆者的經驗中，購物台會提供許多優惠的誘因，其中最有效的是贈品，贈品不僅要超質，在數量上也要可觀，許多顧客就是衝著贈品來消費的。

「AIDA」的簡報說服模式不只在購物台中適用，在很多銷售的提案上更是達到出奇不意的效果。2002年筆者在進入東森購物台後，積極地協助其改變主持人的銷售模式，結合科學實驗的發現，當年度的業績成長就超過100%，2004年全年度的業績更超過新台幣300億元，也讓集團總裁上了《商業周刊》的封面人物，成為百貨通路的一方霸主，而「AIDA」的簡報說服模式更成為其他購物台業者模仿的對象，這些業者可能不知道這個銷售模式是源自於廣告行銷的說服模式。

圖1-2　購物台業者靠著AIDA模式，對觀眾創造吸睛的效果

貳、
「情報」加「誘因」

上一節提到「AIDA」的簡報說服模式，許多入門者可能覺得有些困難，筆者再予以簡化它的概念爲：「有效的商品情報」再加上「吸引人的額外加值」，就成了最強的簡報說服手段。

如何提供好的「誘因」？
「誘因」用白話來說，就是吸引人的東西。

在行銷的手法中，「促銷」就是在談這種手法，最常見的手法就是：降價、贈品、抽獎、折扣、集點數等，手法相當多元，但在電視購物台中，短短的15分鐘最有感的，無非是價格優惠與贈送顧客需要的產品。這二種「誘因」手法最爲直接，效果也最好，過去的經驗告訴我們，立即有感的優惠手段，會刺激消費者馬上作出購買決定。

電視購物台的消費模式與傳統實體通路的模式不同，傳統通路當消費者看到廣告訊息時，產生的慾望可能隨著時間而沖淡不少，當消費者走到商場時，原先看到廣告時那股濃烈的購買慾望可能已經消退了，所以廣告必須不斷的刺激與重複播放以加深消費者的印象，因此，傳統行銷通路廣告的說服過程中，「記憶」（Memory）是很重要的一個環節，它的說服模式是「AIDMA」，增加的就是記憶的部分。

相較於傳統廣告的說服過程，電視購物台的產品推銷就有著極大的優勢，它直接省去「記憶」的過程，當觀眾產生慾望時，就可以直接撥打電話完成購買的行動。而爲了讓電視機前的觀眾可以立刻做決定，

「誘因」就扮演關鍵的角色。價格上的優惠，一般來說，購物台的商品未必比傳統通路來得便宜，但購物專家會將價格用分期的方式來呈現，假設價格是30,000元的商品，畫面上會呈現1,000元乘以30期的分期優惠價格，要讓消費者看起來沒有負擔的感覺。

除了價格上用分期的方式降低顧客的負擔外，購物專家會用不同等級的比價方式，讓觀眾在短時間內產生錯覺。舉例來說，購物台中銷售的精品手錶，購物專家就會比對豪華品牌的價格，讓觀眾有種錯覺，認為用較少的金錢可以買到同等級的東西，有種折價賺到的好康。至於在贈品的誘因上，常常會故意將數量衝高而令顧客感到物超所值的感覺。又如，購物台銷售的健康食品常常為了刺激消費，經常推出購買10罐送5罐的超級優惠，這種看似前所未有的超值，其實隱藏許多玄機，通常贈送的這5罐內容量可能只有原先的一半，甚至只有三分之一。了解這些手法就很清楚，為何「誘因」在觸發購買行動的重要性。

參、
網紅直播的簡報力

隨著網際網路經濟被炒翻天，整個大中華商圈電商平台紛紛加入戰局，業界提到數位行銷，腦筋立刻想到網紅，從產品置入、業配文、開箱文，甚至是直播銷售等，手法可謂五花八門，但總圍繞在網紅身上，究竟網紅行銷需要具備什麼條件？是值得業者進一步了解與深思的呢？

有人覺得網路的直播主，感覺就像電視的主播或是購物台的主持人一樣，只是使用的媒體平台不同而已。其實這當中的差異還是頗大的，由於購物台營運的門檻較高，不是一般人容易進入的，但隨著網路相關產業的發達，未來5G行動通訊的普及，人手一機，甚至是二機、三機的現象也比比皆是，正所謂「Mobile first」或「Mobile only」的時代來臨，手機將來是電商與廣告平台的主戰場。由於手機的行動滲透力高過其他的行動載具，網紅的經濟整體產值未來將會超過傳統電視購物台。

由於網紅經濟的快速崛起，許多新一代的主播已捨電視媒體轉而投入網路自媒體的營運，由於自媒體入門相當容易，但要闖出名號，甚至擁有網路的熱度是有極高的挑戰性。前一節筆者所談的「AIDA」簡報說服模式，同樣適用在網路開箱文，甚至是直播拍賣會上，但與購物台不同的是，網紅經濟或網紅推薦商品有更多的細節要注意，這包括下列各項重點：

一、專業定位要清楚

由於網路訊息氾濫，粉絲的忠誠度低，「網路名人（所謂的KOL）」猶如過江之鯽，曾有人開玩笑地說，網路紅人也許只有15分鐘的熱度，轉眼就煙消雲散，因此，所謂「網路名人」必須謹守自己的專

業度，如此，才能細水長流。由於電視倚靠的是衝動型的購買居多，再加上受到播出時間的限制，因此，主持人的說話便像是連珠砲一樣，不斷的轟炸，要「逼迫」觀眾在短時間內做出決定，因為在電視頻道，時間就是金錢。

　　網紅的模式可謂放長線釣大魚，以AIDA的模式，在網紅的說服模式中，最重要的是興趣I（Interesting），也就是要製作令網友感興趣的主題，以網路上的用語就是要「有梗」。網路上有不少喜歡寵物的網友，透過紀錄、分享這些毛小孩的趣事與萌照，在短時間就吸引不少的觀看數，當然，光分享這些是不夠的，大家可能會想知道版主是如何照顧的？甚至毛小孩生病要如何處理？這些都是專業知識，因此，必須不斷給網友新知識、新觀念，等累積一定的聲量與信賴感後，才可以開始考慮業配文及產品開箱推薦，千萬不要急，否則嚇跑粉絲就很難再回頭。

二、先有人氣再置入

　　如同前面所提及的，網路說服模式中的興趣I（Interesting）很重要，但要令人感到興趣就必須結合自己的專業能力。一位住在花蓮後山務農的謝姓青年，由於喜歡上網與人互動，經常將自己的農作過程及農產品收穫的喜悅，貼文與網友分享，由於都市裡的年輕人幾乎沒有人有這種務農的經驗，這位謝姓農友又將自己在稻田的辛苦，用一種時下年輕人搞笑的方式呈現出來，吸引大批網友的分享與觀賞。這當中有網友提出購買要求，讓他開始萌生經營網路平台，將自己生產的農產品銷售出去。

　　若是沒有一定的網路人氣，當然很難將商品行銷出去，現在所謂專業性網紅相當多元，舉凡健身教練、醫生、寵物專家、律師、旅遊達人等，不管是透過直播、影片或是圖文設計都可以，前提是要累積可觀的粉絲數量，對於訂戶也要有穩定的成長趨勢，方才考慮有商業行為的置入，否則不僅效益不高，粉絲數也有可能會立即遞減。

三、一對一的互動

　　網路直播的說服過程，特別著重互動性，而這也是社群媒體最大的優勢，直播主幾乎可以掌握每一個上線的網友而與其互動。購物台中，電視機前的聽眾是無法與主持人進行直接的互動，必須透過客服人員方才可以將意見轉達出去，以東森購物台為例，當年盛極一時，光是客服人員就超過千人以上。

　　然而，網紅直播的商品推薦雖說交易數量有限，但其下單比例是相當高的。網紅若利用直播手法，必須一一針對網友的提問作出回應，盡可能不遺漏，特別是對產品細節的詢問。當然，網紅本身除了要對商品熟悉外，有時也可以邀請品牌業者親臨現場，這個情況有點類似購物台的作法。

　　除了直播現場所進行的商品推薦外，有些網紅也會採用自製影片，以產品開箱文的方式來推薦，開箱文影片手法著重趣味與商品細節的說明，此外，對於商品標示法或食品醫療法也必須小心謹慎，以避免不小心觸法。先前不少網紅代言或推薦商品而誤觸法規，被罰鍰事小，損及品牌商譽恐得不償失。

　　從下一堂開始，筆者從基礎的商業簡報開始，按部就班，從公眾演說、簡報內容設計到提案談判策略，讓讀者完全掌握簡報的門道。

▶ 問題思考與討論
....

1. 許多電視觀眾遙控器轉到購物台時，二話不說就立刻轉台，是節目型態不喜歡還是推薦的商品不感興趣？仔細思考背後的原因是什麼？

2. 在有線電視產業發達的國家，如：歐美、日本、韓國及中國大陸，這些國家中的電視購物節目型態與主持人的說服模式是否有不同呢？

3. 現今網路發達，網路中的意見領袖（KOL）無不使出渾身解數來吸引網友的注意，有哪些是值得簡報人學習的地方呢？

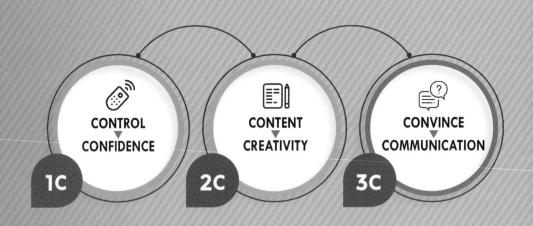

Powerful Presentation Model

圖2-1　成功簡報的核心概念

第 2 堂

打通你的簡報任督二脈

壹、
誰需要學簡報技巧？

一、簡報不是上班族的專利品

　　早期廣告、公關、行銷傳播行業運用最廣，現在是公務機關、學校、各行各業職場上必備的溝通工具，甚至可以這麼說，從小我們就必須學習如何來作簡報。

二、人人都有機會上台

　　「簡報技巧」已經是一門必備的專業技能，甚至在校的學生都要開始學習簡報技巧，許多學生從小訓練簡報，不僅是校外科展的常勝軍，甚至在升學的過程中也會用到。例如：大學的多元入學管道，在面試的過程中，做好10分鐘的簡報往往比高中三年的苦讀來得重要，可見學習「簡報技巧」越早開始越有利。

　　一位人力資源公司的高階主管，觀察職場中無數次人事升遷異動，有感而發的表示：「懂得如何作簡報的員工，通常他的升遷會比別人快。其實理由很簡單，常作簡報自然比較受到主管的注意，如果簡報令人印象深刻，當然他的表現更會受到肯定。」

三、好的簡報全靠練習

　　簡報不光是簡單的報告，而是精簡扼要、簡捷有力的講述重點，內容才是關鍵。天才型的演講家或許具備優勢，但是成功的簡報人是可以透過訓練來的，想要做好成功的簡報提案，唯有不斷的練習，才能精益求精。

貳、
簡報的重要性

　　隨著資訊爆炸，自媒體當道的時代，簡報的技能已成為人人必須要懂的基本知識。從最簡單的自我介紹，到成為網路紅人、意見領袖及業務銷售高手，都要懂得如何作好簡報。

　　具體而言，簡報的目的及關鍵包括下列幾點：

一、爭取機會

　　早期產業界人士要靠簡報提案取得訂單、完成銷售任務。筆者早期在廣告公司服務時，簡報的技巧相當重要，良好的企劃與創意都是透過簡報提案來說服客戶完成任務。即使是現在公務機關的採購過程，也須透過簡報評選出優勝的廠商，不再是低價競標主導的局面，因此，簡報在各行各業都是必備的專業能力。

二、提升效率

　　不論是政府機關或是民間企業，各行各業行政組織相當龐大，如何化繁為簡，就是要透過簡報工具，加快彼此溝通的速度。以政府機關來說，如何將業務職掌向民眾說清楚，特別是遇有重要的政策須向民眾宣導時，就必須要有專業簡報製作的團隊來達成任務。

　　記得2017年政府推出前瞻基礎建設計畫，並將各部會在行政院報告的簡報投影片公布給民眾下載，沒想到民眾關注的不是計畫的內容，反而是投影片糟糕又紊亂排版，原本是要宣傳該計畫並藉此提升效率，讓全民了解政府施政的重點，結果卻適得其反。

三、演說與科技的結合

簡報不只是演說而已，在說明傳遞內容的過程中，成功的簡報人更要結合說服技巧與多媒體的效果，讓聽眾在短時間內理解簡報的內容並且被說服。近年來由於數位科技與行動通訊普及，簡報提案進行的過程也不是非得面對面的方式進行，很多時候透過直播、短影片的方式，也可達到簡報的目的。

四、秀出專業與實力

簡報提案常常是你展現專業與作品的機會，透過簡報的過程讓聽眾認識團隊過去的成果，在比稿提案或招標簡報的過程中，想要勝出、成功拿到案子，往往就必須在這個地方多下工夫。筆者過去擔任過幾百次以上的比稿簡報評審，發現許多年輕、較無經驗的新公司，總是會歷經無數次的挫折才體會出，簡報過程中，不僅僅是將自己的構想完整的說出來而已，而是經過一連串的策略與邏輯思考後，透過有效的訊息設計方法來傳遞出去，而且必須在有限的時間內完整傳遞，就如同是企劃一則廣告一樣。

五、隨時上場不慌張

「簡報」是職場上每個人必備的技巧，早期簡報技巧是廣告、傳播及行銷人員修練的重要絕技。隨著時代的演進，已成為各行各業都必須學習的一門功課，即使是政府機關，簡報更是貼近民眾的重要溝通工具之一。想要入門當公務人員，基礎訓練都少不了「簡報技巧」這門課，可見這門學問受重視與實用的程度。

很多人誤以為簡報一定得製作投影片，接著架設好電腦投影機，然後看著螢幕來做報告。其實不然，許多場合與狀況下，你被限制只有3-5

分鐘的簡報時間，甚而只有60秒的時間來做簡報，這時候只有口頭說明最直接。在歐美非常流行的「電梯簡報」（Elevator pitch），意思是簡報人只有非常短暫的時間可以說明構想，就如同在電梯間遇到老闆，你只有片刻的時間介紹自己或對公司的建議，因為一旦電梯門打開，即表示時間到了，不管你有沒有講完就必須停止。許多創投的會議中，投資者的時間非常有限，任何的提案都必須在短時間內讓人理解，並產生興趣，因此，每個人都要學習如何讓自己的構想精簡，換言之，就是Keep it short and simple的Kiss準則。

筆者過去曾輔導許多高中生或大學生參加升學或就業時的面試，如何在短時間完整的介紹自己，並且讓人印象深刻？就是要掌握Elevator pitch的重點，這些包括：

第一、了解此行的目的

第二、點出自己與其他對手的差異

第三、找出你與這家公司（學校）的重要連結

第四、提供對自己有利的證明（這些證明是對方感興趣的）

第五、最好能在一分鐘內表達清楚

參、
掌握簡報3C力

　　無論是企業或行政機關，一定存在不少委員會在運作，而委員會主要靠召開會議來決定事情，會議中一定有一位或好幾位委員，試圖用他們的想法來說服其他人，於是有人必須扮演簡報人的角色，其餘的人便成為聽眾，同樣聽眾也有機會成為簡報人，向其他人表達想法與意見，這當中誰掌握著「溝通者的力量」（Communicator power），誰就能主導會議的方向而作出決策，在職場的會議就是這麼運作的。

　　想要展現「溝通者的力量」必須要有三個C的力量組合在一起，才能有效發揮，包括：

一、控制力（Control）

　　控制力又可稱為掌握力，簡報提案上場前，首先必須學會控制自己先不緊張，接著按照原先的腳本內容，掌握演講的步調與時間，隨著一張一張投影片順利的播放與說明。

　　當自己可以不怯場，清楚知道所要說的內容後，開始試著去控制全場聽眾的注意力，與聽眾作眼神的接觸（Eye contact），讓整個簡報場合以「你」為中心，多練習並爭取內外部作簡報的機會，你不單可以有效的控制場合，到後來更可做到對任何簡報提案都非常有信心。

　　因此，控制力的最高境界是從**控制（Control）**轉化成**信心（Confidence）**。

二、內容力（Content）

內容力又稱為訊息力，簡單來說，也就是簡報中，你想要說的話——What to say。

就口語傳播的理論來看，簡報是一種結構式的對話（Structure conversation），而不是漫談無方向的對話，結構式的對話是透過有組織、有邏輯、有系統的訊息設計，就像是製作一支微電影廣告，它必須經過策略分析、腳本設計後，才能進行廣告拍攝。

許多人以為簡報內容只是投影片設計，把想說的話打上去就好了，這剛好犯下簡報的最大錯誤，因為毫無策略、方法與設計的內容是無效的！偏偏在許多場合上卻常看到這樣的簡報內容，特別是在行政機關上看到，這也難怪民眾常常覺得政府施政的宣傳毫無感覺。

由於科技進步，影音多媒體已成為現代人經常使用的媒介，將各種形式的影音內容結合進簡報內，已成為常見的手法。特別是職場上，人手一機的情況下，聽簡報很容易分心，簡報內容的設計，更要針對聽眾的需求，要用創意力緊抓著觀眾的目光，讓他們捨不得離開視線。

一位成功的簡報人，必須將**內容（Content）**轉化具有說服效果的**創意力（Creativity）**。

三、說服力（Convince）

說服力就是溝通力，簡單來說，也就是簡報內容如何說出去—How to say。

在廣告界的簡報提案，往往是開展業務的主要來源，廣告簡報是帶有表演與說服（Persuasive performance）的功能，因而，在年度的廣告提案比稿中，各家公司無不卯足力氣，全力做好簡報提案。

但很可惜，根據一位在客戶端服務的美商寶僑公司的資深主管表

示：大部分的簡報提案都是在淡然無趣中進行，而且提案者老是圍繞在客戶已知的主題上打轉，若能突破並吸引住客戶的注意，那將是邁向成功的第一步。

其實簡報提案最大的挑戰是將內容變得有趣，因為只有在輕鬆氛圍中才會產生慾望，對傳遞的內容有後續的行動。氣氛緊張阻隔了你與聽眾的距離，因此，簡報的內容變得有趣，就完成「破冰」的任務，一旦聽眾注意你，跟聽眾就縮短距離；不只讓聽眾理解，更讓聽眾相信。

很多廣告業界的從業人員，都想在簡報提案中，利用各種資料想要勸服（Convince）客戶，希望客戶能買單，接受提案構想。但最有效的方式不是急於勸服，而是吸引客戶的注意，讓他們感受興趣後，產生慾望，希望立刻行動。讓你的簡報提案產生前面所說的Communicator power後，客戶希望盡快採取後續的行動，這樣整個簡報提案才算是順利完成。

簡報提案第三個C力，便是將**說服（Convince）**轉化為**溝通力（Communication）**。

圖2-2　許多人都有這個經驗，自己講得滿頭大汗，聽眾卻睡成一片的經驗

圖2-3　把握機會連Elevator pitch的電梯簡報也不要小看

▶ 問題思考與討論

1. 還記得第一次上台講話的情形嗎？知道自己的缺點是什麼？如何改變呢？

2. 假如已經有豐富的簡報提案經驗了，想想自己最成功的那一次，是如何打動客戶的？

3. 即使很少上台，但大多數的人一定聽過很多場別人的簡報提案，還記得有哪一場讓你印象深刻？想想自己為何會被吸引？

NOTE

PBL 高互動簡報

A P A T

場地設備是否充足？

簡報人操作設備的能力如何？

臨場反應與問題解決的經驗如何？

聽眾是否具備高度的學習興趣？

圖3-1　PBL高互動簡報的重點

第3堂

簡報提案的變革

壹、
簡報提案模式的發展演變

　　早期簡報人需要站在講台上，口沫橫飛，振振有辭地對著群眾來說話。想像一下古代私塾的上課情形，夫子在台上講得頭頭是道，下面的學子看似點頭如搗蒜，實則精神早已飛到九霄雲外，因為光靠聲音來學習是有限的，除非是極有表演天分的天才型演說家，一般人光靠聲音演說是不夠說服力的。

　　中期簡報的模式是拉下布簾（銀幕），架上投影機或幻燈機，每頁數行、每行十來字的文字稿，製成一張張的投影片，就算是坐在最前排的貴賓席，也不得不撐大雙眼，甚至費神的以雙手拉開眼皮，也還看不清楚寫了些什麼。

　　現代簡報的方法則比較多元，簡報人可以利用多媒體輔助工具，影像、音效，再加上具說服力的口才、溝通技巧，很快上手成為專業級的演講者。伴隨著科技化的進步，許多3D投影特效或擴增實境的臨場效果，讓一場簡報變得更豐富與炫麗。

　　由於各種輔助簡報的工具相當多元，以下針對幾種常用的簡報方式，說明如下：

一、單靠口語表達方式

　　如前面所說的，除了天才型的演說家，像是過去社會中的說書人或是表演藝術中的相聲、歐美的Talk show表演者，一般人是很難做到這種境界的。儘管如此，在訓練簡報提案的過程中，筆者還是會訓練簡報人可以不用輔助道具也能做簡報，如此，就不用受到場地與設備的限制。

有一次筆者擔任一次政府標案的採購評選委員，來了五家廠商簡報，到最後一家簡報時，投影機的燈泡突然燒壞了，這種燈泡價格昂貴，並非像家中的日光燈燈泡一樣，隨時都會有備用，正當業務單位手忙腳亂時，這位簡報人不慌不亂、不用投影片繼續做他的簡報。所有評審委員對於他臨危不亂，可以不受設備的限制，順利完成簡報感到佩服。最後評分出來，果然如筆者預期般，所有評委一致給予最高分，當然順利拿到標案。

　　過往參加過許多創業投資的競選會議，每一位青創業者給予7分鐘的Pitch，不用投影片，當你說完構想後，如果台下的投資家願意舉牌，就表示他願意投資你第一桶金。因此，許多創業者無不卯足心力，在這7分鐘內說服投資家舉牌。這當中會不會說故事與演說的技巧就成為贏得投資者青睞的關鍵因素。

二、紙版、幻燈機與投影片的時期

　　筆者約在1980年代踏入職場，第一份工作就在4A的大型廣告公司服務，當時主要的提案方式是靠掛圖與色版圖卡，文字的部分就用影印機影印透明投影片，再利用Overhead Projector投到白色牆壁或螢幕上面。如果遇到重要的提案就必須將廣告色稿製作成幻燈片，不僅製作的過程繁複，效果也未如預期。

　　透明片投影機或是幻燈機都有不少的限制，透明片投影機一般用來呈現文字，對於圖形較無法清晰的投影出來，幻燈機雖然影像照片的表現還不錯，缺點是必須將燈光熄滅，有時講完開燈，發現所有的聽眾都睡著了。在重要的簡報提案，廣告公司都會出動透明片投影機、幻燈機、錄音設備，創意部門則會製作色稿並將它浮貼在圖卡上，一張一張排列在會議桌上，因此，每一次提案都要大費周章的準備。

現在的學生大概很難想像以前的簡報提案過程，Netflix有一部影集《瘋狂廣告人》（Mad Men），講述一位美國1960年代創意總監的故事，影片中就出現不少早期廣告公司提案的過程，這對了解過去簡報的方式有不少說明。

三、利用電腦簡報編輯軟體

簡報編輯軟體約在90年代初期誕生，當時隨著微軟Office軟體的上市，PowerPoint簡報軟體逐漸在職場中被使用，由於電腦簡報軟體必須連接單槍投影機才可以投放，因此，淘汰了過去簡報常用的黑白投影機與幻燈機，單槍投影機也在市場上流行了一、二十年，甚至PowerPoint電腦簡報軟體已成為簡報提案的代名詞了，許多人誤以為學習簡報提案就是學習PowerPoint的操作，實在大錯特錯！

也因為PowerPoint軟體太普及，讓許多人忘記還有許多好的簡報軟體工具，例如：蘋果電腦iOS系統支援的Keynote，簡單的介面，非常容易上手，如果你喜歡Steve Jobs簡報的風格，你就可以試看看！此外，歐美廣告與設計人士喜歡用Prezi，這是一個支持雲端、線上共同編輯的簡報工具，筆者特別喜歡它Zoom in與Zoom out的過場效果，如果想要簡報投影片令人目瞪口呆的效果，不妨試試。當然Google文件中的Slides線上編輯工具也可以考慮。

電腦簡報編輯的效果在於整合：文字、圖片、聲音、影片的素材於同一個螢幕頁面中，簡報人不用像過去要轉換設備而耽誤提案的節奏，相當方便！壞處就是讓人太依賴軟體了，忽略到簡報提案，最終還是要回歸到簡報人的口語表達能力上，所有的影音素材只是簡報過程中的輔助工具。

四、特殊多媒體科技使用

近年來隨著投影設備的創新與演進，新型態的影音技術也被運用到簡報與提案的現場，讓台下觀眾感受前所未有的視覺衝擊。以下是幾種常見的技術：

（一）AR（Augmented Reality）擴增實境

擴增實境主要是透過下載觀看的App或是特殊的投影技術，例如：電影中常見的3D立體投影技術，所展現出來的效果，目前擴增實境的技術也被應用到戶外投影技術，在節慶表演的時候，投射在建築物或公共藝術的展現上。

（二）VR（Virtual Reality）虛擬實境

虛擬實境則需戴上特殊的觀看裝置或眼鏡，早期虛擬實境僅能提供少數相關領域的人觀看，自從韓國手機大廠Samsung透過旗下手機產品，搭配簡單的裝置就可以觀看VR影片，同樣的，Google VR眼鏡也朝這方面的技術不斷創新，未來簡報設備將可能涵蓋這功能。

（三）MR（Mixed Reality）混合實境

混合實境是上面二者的結合，在許多娛樂場域經常應用到這項技術，也有許多戶外廣告開始使用這項技術，相信不久的將來，AR、VR及MR將有機會應用在簡報提案的過程。

圖3-2　古代說書人口沫橫飛的表演，靠的是說話的技巧

圖3-3　早期廣告公司以圖卡、色稿來進行簡報的模式

貳、
從單向到互動式的簡報提案

隨著數位科技普及，過去E化簡報現場，由電腦接單槍投影的會議簡報型態，可能會逐漸被智慧型的場地普及而被取代。隨著雲端科技的成熟與5G通訊的興起，人手一機與多螢幕生活的普及，簡報人傳統單向式的溝通可能無法滿足現場聽眾的需求。

簡報人如何能做到內容的快速切換、及時的創意發想與聽眾現場直接的互動？也都考驗著簡報人有沒有辦法與時俱進，並掌握數位科技的潮流。近年來流行於教學場域的「翻轉教學」與「問題導向學習」（PBL, Problem-based learning）的技術及方法的普及，讓新一代的簡報人有更多的選擇可以完成提案的任務。

以前在簡報現場，認真的聽眾會帶著筆記本來記重點，隨著「自帶裝置」（BYOD, Bring your own device）趨勢的興起，簡報人與聽眾紛紛帶著自己的隨身設備來到現場，簡報人若能好好掌握這個趨勢，不僅提高聽眾的參與感，簡報人也能藉由高度的互動與問題即時回饋而達到良好的溝通，但要進行這種高互動的簡報也存在一些風險與不確定性，下列幾點是簡報人若要進行「PBL高互動簡報」時所必須斟酌的重點：

第一、場地設備是否充足？

第二、簡報人操作設備的能力如何？

第三、臨場反應與問題解決的經驗如何？

第四、聽眾是否具備高度的學習興趣？

類似這種高互動且雙向的「PBL高互動簡報」模式，除了要有寬頻Wifi上網的場地外，螢幕投影的方式也由傳統的有線改為無線，數個平板液晶顯示器取代過去的白色屏幕，簡報人與現場聽眾隨時可以將自帶裝置透過無線網路投影到液晶螢幕上，現場座位安排可採移動式而非固定式排放，以增加機動性與互動效果。

　　然而再先進的科技設備也都仰賴成熟簡報人的靈活使用，以筆者的經驗來說，PBL（問題解決）簡報導入的模式，並非任何一種簡報目的都適合，通常來說，工作坊或是有小組討論學習的簡報模式較適合，而簡報人對所要報告的主題也要相當熟稔，對於聽眾的問題也要作出回應，以筆者的經驗通常要有1-2位助理協助現場。

　　整體來說，這種問題導向式的簡報，適用於高知識且互動性佳的現場聽眾，特別是職場教育訓練的學習方式，這些活潑的聽眾是不滿足乖乖坐下來聽講的，有了這種雙向互動的簡報過程，更可以打造簡報人與聽眾雙贏的效果。

▶ 問題思考與討論

1. 現代人早已習慣簡報時一定要有投影片來輔助，假如有一天提著筆電要上場，然後被告知投影機壞了，你是否有信心不用投影片繼續做簡報嗎？

2. 「自帶裝置」趨勢的興起，現場聽眾雖然帶著個人筆電或平板卻做自己的事，思考看看簡報人要如何將他們重新喚回呢？

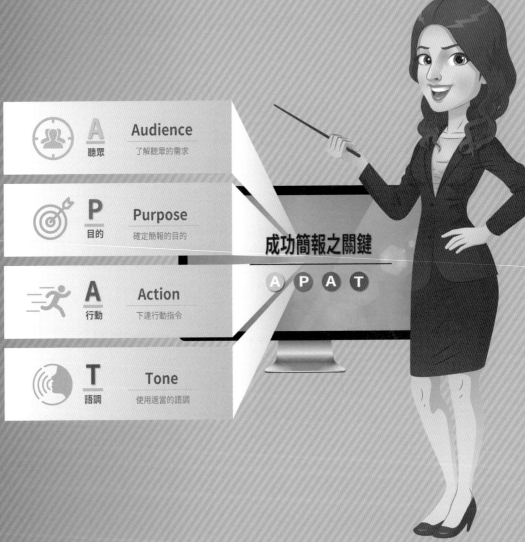

圖4-1　成功簡報之關鍵APAT

第4堂

如何讓簡報吸睛？

壹、
成功簡報的關鍵 APAT

一個成功的簡報必須掌握幾個價值與重點，APAT就是簡報中主要的關鍵，任何一個成功的簡報都脫離不了這幾個因素，以下將分別說明：

一、聽眾（Audience）

聽眾至上，成功的簡報必須從掌握台下聽眾的注意力開始。以下是幾個方向讓簡報人準備：

（一）了解聽眾的背景及基本資料。

（二）了解聽眾的需要。

（三）從聽眾的角度來看事情，預期聽眾會問的問題。

（四）以「你」為焦點，儘量用到「你」以及「你的」這些字眼。

筆者不少學生畢業後任職在公關公司，每到選舉季節，公關人員經常要幫候選人安排拜會行程，與各種不同社團座談，聽取他們的意見並講述候選人的政見。為了讓候選人能掌握每場聽眾的背景及需求，公關人員除了事先要做足功課外，更要與社團意見領袖溝通，了解其需求。所以每場的造勢活動才能貼近民眾的心，產生好的互動效果。

二、目的（Purpose）

任何簡報都必須先了解此行的目的是什麼？是說服性的銷售任務，還是尋求業務合作？任何形式的簡報在開始前，都必須理解以下這些項目：

（一）從當下的目標下手。

（二）從聽眾的利益出發，把聽眾的需要放在自己的簡報中。

（三）務必找出並說清楚「這對你有什麼好處」。

記得筆者在廣告公司服務時，幾乎天天有簡報提案，每次會議都有不同的目的，當時為了順利完成簡報提案，筆者都會不厭其煩的詢問Account業務人員，會議的目的是什麼？因為不同的目的就要採取不同提案策略。多年的經驗，歸納廣告公司大概會有幾種形式：

1. 新客戶的簡報提案，主要在彼此業務的認識與了解，嘗試未來合作的機會。這時可以介紹自己成功的案例，加深客戶對你的印象與信心，同時點出你與別人服務上的差異。

2. 業務比稿的簡報提案，對廣告傳播相關業者來說，這是最重要的簡報，內容必須是有血有肉，具體不空泛，通常簡報人不只一人，可能由團隊成員共同組成，因此，彼此的默契便很重要。過去比稿簡報大都在廣告業界進行，現在政府標案的採購評選也很常採用比稿的方式進行。

3. 執行中的簡報提案，在比稿勝利拿到案子後，真正的工作才算開始。這類簡報提案可以較不拘形式，它著重在細節的討論與流程的確定，因此，簡報的會議紀錄反而變得很重要。

三、行動（Action）

希望聽眾採取什麼後續行動，認知不等於行動，要台下的聽眾行動，一定要有正確的誘因，不論是獎賞或是發自內心的支持，都是不可缺少的。

（一）想說服別人行動，就得給他們「理由」。

（二）必須是「他們」想行動的理由，而不是自己的理由。

簡報說服理論AIDA的模式中，最後的A—Action，就是要聽眾立即行動。簡報結束後若沒即時下達指令給聽眾，聽眾的熱情可能隨著時間而消失，簡報就失去原有的目的了。

在電視購物節目中，主持人一定會留下幾分鐘，不斷的催促觀眾打電話，即使觀眾打電話購買熱潮不如預期，便也會立刻提供各種誘因或贈品，吸引觀眾撥打電話。同樣的，比稿的簡報提案結束後，簡報人同樣也要提供利多，讓客戶或評審委員將你列為最優先的考慮對象。

四、語調（Tone）

最適合的語調是什麼？感性的口吻與訴求能打動聽眾，讓聽眾跟著簡報人一起行動；理性的口吻與訴求則可以帶聽眾作邏輯推理，判別是非。不同的訴求要使用不同的語調，以下是簡報提案中常使用的訴求方式：

（一）感性訴求（Emotional appeal）

有計畫地運用感性的語言，激起聽眾的情緒。簡報人可以激起聽眾正面或負面的情緒，例如：恐懼、內疚、羞恥、愛情、幽默、驕傲和喜悅等方式，透過這些情緒來注意到簡報的內容。許多成功的簡報策略，一開始是讓聽眾覺得有趣，拉進彼此的距離，接著要用有溫度的言語去打動聽眾，讓聽眾喜歡你。

一位《廣告時代》雜誌的特約專欄作家曾說過：「廣告界不得不承認，有時簡報室裡面的氛圍遠比簡報內容來得重要。」氣氛對了，什麼都好說，因此，簡報人必須要有靈敏的觀察力，掌握住整個簡報進行的氛圍。

使用感性訴求可以吸引聽眾的注意力與興趣，有時也須簡報人即興的演出，特別在提案的過程中，表演一下，不只是獲得注意力與娛樂效果，簡報人更可激發聽眾的同理心與參與感。

說服理論中，只有動之以情才能獲得別人的支持。常見的民意代表在選舉過程中，越到最後，就會看到各種激情的演出，不只採用哀兵姿態，大肆宣告選情告急，更有候選人全家下跪，一把眼淚一把鼻涕，懇求選民惠賜一票。很多人不解，為何選舉需要如此激情演出？特別是民調落後的候選人都會採用這種方法。其實道理很簡單，就是感性訴求，在激起選民的情緒後，轉化為行動，將選票投出去。

（二）理性訴求（**Rational appeal**）

採用理性訴求主要的目的在於證明團隊的實力，並且可以解決當前的問題，進而建立起客戶對團隊的信心。理性訴求的方法有很多，筆者會在第7堂內容力中有詳細的說明。

使用理性訴求最關鍵的是，找出立論的支持點，例如：使用前與使用後（Before and after）的差異、明喻或隱喻式的比較方法，或是專家實證法等，都屬於理性的訴求。

在廣告界的提案中，業界喜歡使用「設定基準」（Benchmark）與「平行狀況」（Parallel situation）來解釋、證明提案中的廣告目標是正確的，特別是廣告中牽涉到未來銷售的數字，這時客戶需要的是可靠的數據，而非簡報人熱情的推測。

（三）正反二面訴求

正反二面的策略在於簡報中，簡報人會分析正反二個不同方向的訴求，然後逐步的帶往所設定的方向與結論。這當中，簡報人必須要有充分的信心，支持點的立論也要夠強，否則很容易被聽眾「打槍」。

採用這種訴求需要一些提案的技巧，例如：引導式問題，將問題導到你要的答案；或者是「相似法則」（Similarities），找出過往相近產業，同樣的問題，他們如何有效的解決？筆者的經驗是到資料庫找出國

外類似的案例，相似法則對於政府機關的簡報提案通常比較有效。

成功的小故事

2008年美國政壇新星歐巴馬（Barack Obama），在黨內初選擊敗希拉蕊，獲得民主黨的提名，之後聲名大噪，更擊敗共和黨的候選人麥肯（John McCain），成為美國第44任的總統。

歐巴馬不僅成為家喻戶曉的政治明星，黑人總統的光環更是世界目光的焦點。然而，在2008年的選舉中卻有令人印象深刻的過程，當時的共和黨總統候選人麥肯（John McCain），因背負先前小布希政府執政成果不彰的壓力，民調一路落後，苦不堪言。

麥肯的團隊在推出副手時，希望能找到一位形象清新並能挽救麥肯選情頹勢的人，這時他們推出了一位女性副手莎拉·培林（Sara Palin）。當時的培林是阿拉斯加州的州長，名聲與口碑皆不錯，由於培林的形象與民主黨的希拉蕊相似，麥肯陣營希望藉由推出培林當副手，拉攏希拉蕊的支持者。

不過由於培林的名氣不大，媒體大都不識這位新秀，儘管她已是阿拉斯加州的州長，但阿拉斯加州並沒有在美國本土，人口又只有70萬人，廣大的美國民眾自然對培林抱持著懷疑的態度，特別是媒體對這位名不見經傳的州長不太友善，一位談話性節目的主持人Timothy Noah甚至以嘲笑的口吻介紹她，節目播出後，民眾對她的能力更加疑慮，大家開始懷疑這位出身保守黨、以石油致富的政治人物。

麥肯仍然堅信自己的選擇沒錯，在共和黨副手的正式提名演說中，培林以感性訴求激起共和黨的團結意識，並一一回擊媒體的不實報導，在40分鐘的演說中，培林數度被熱情的鼓掌聲打斷。這場演說跌破了專家與名嘴的眼鏡，許多共和黨人甚至認為培林的群眾魅力超過希拉蕊。

演講結束後，拉斯穆森（Rasmussen）公司馬上做民調，結果發現，有超過五成以上的民眾認為培林已經具備好當副總統的資格了；更有四成的民眾支持培林，這讓麥肯的民調值逼近歐巴馬陣營，儘管2008年麥肯與培林未贏得總統選舉，但培林的演講至今仍讓人津津樂道。2012年HBO拍攝一部電影叫《選情告急》（Game Change），其中講述的就是培林從政及她的成功演講過程。在這案例中，我們也學習到一場成功的演講不僅能扭轉別人的印象，更能藉由演講的過程中樹立風範。

圖4-2　2008年Sara Palin被共和黨提名副總統候選人的演說情景。掃描QR code可進入Youtube網站觀賞培林的提名演說

貳、
如何避免簡報災難

　　以下五點是簡報過程中常見的錯誤。由於簡報人會過於想要將自己認為重要的內容傳遞給聽眾，往往忽略聽眾的需求與感覺，這些看似簡單的錯誤，往往會發生在簡報老手身上，因此，任何一位簡報人不可不謹慎！

一、缺乏清晰的論點

　　會犯下這種錯誤通常是簡報人沒有用心規劃簡報內容，不然就是簡報人對內容不熟悉。會出現這種情況往往是在即席演講下，演講者倉促上台，也許對觀眾、場合不熟悉。因此，如果是這種情況就婉拒上台，要不就簡單的問候即可。

　　很多職場高階主管都有機會在各式場合即席致詞，筆者通常會建議他們隨時都要有個人專屬的講稿，以備不時之需。內容包括：吸睛的上台問候、令人印象深刻的個人介紹及炒熱氣氛的互動模式，這些都是最基本的功夫。

二、對聽眾沒好處

　　做任何簡報提案或公眾演講，第一件事就是想想別人為何要來聽簡報？簡報是否給聽眾帶來什麼好處？是健康的資訊，還是理財的方法？有效的溝通除了訊息正確外，最重要的是有誘因。

　　現代人非常沒有耐心，如果簡報對聽眾沒好處，聽眾浮躁的心情立即顯現出來，不是低頭滑手機，就是開始交頭接耳的聊天，一旦出現這種情況就很難將注意力再拉回主題現場。

三、過程不流暢

簡報提案前一定要先了解現場的設備，電腦與投影機是否可以同步？解析度是否達到要求？音響、麥克風聲音、燈光是否理想？重要的簡報，這些現場設備一定要確保可以運行無礙。

筆者曾親眼目睹在許多提案比稿的簡報中，許多廠商疏忽事前測試投影機，結果影響簡報人的心情，即使有好的簡報內容，表達出來的效果也大打折扣；甚而在處理設備的問題時，客戶或評委就會露出不耐煩的表情出來。

四、過於瑣碎

這個狀況類似沒有清晰的論點，也就是內容無一致性（Consistency）。簡報初學者常會出現這種問題，想要避免這種情況，建議讀者在第七堂內容力與第八堂說服力中好好學習，找到適合個人的簡報風格。

五、太冗長

好的簡報必須遵從KISS（Keep it short and simple）的原則。再精彩的簡報如果時間太長，聽眾一定會失去耐心。好的簡報儘量控制在15到25分鐘以內，再長也不要超過40分鐘，因為，超過這個範圍，聽眾的注意力便會降低，特別是簡報中不要超過3個論點，以避免聽眾混淆或感到疲乏。

參、
簡報人不能說的話

一個成功的演講者都知道，想要贏得滿堂彩並不容易，但要在短時間內搞砸它卻很容易。有時不小心，一秒鐘就搞砸簡報了！只要丟出任何一句就行。

為了確保不會犯下錯誤，簡報過程中有十句話千萬不要說出口。

一、昨晚熬夜，現在精神恍惚中；剛下飛機，還在調時差呢！

很多人一上台不知不覺都會編些理由，怕自己表現不夠好，或想獲取聽眾的同情，好給自己找些台階下。

主辦單位昨天才邀請我，或者，我一路趕過來真的很累等。這些都是聽眾很討厭的爛理由，但是我們在許多場合都曾聽過，甚至不小心自己也會說出口。

從觀眾的角度來說，我們花時間來聽簡報是期待講者能將最好的一面展現出來，如果真的狀況不理想就取消演講，不然就喝杯咖啡，必要時吃片鎮靜劑，調適一下心情，以最佳的狀態上場。

想想那些天王巨星，總是以最佳狀態面對群眾粉絲，他們如何做到？想到這一點，我們這些理由就顯得微不足道啊！

二、聽得到我的聲音嗎？摳摳（麥克風敲擊聲），喔！聽得到！

這是很多人演講的開場白，不然就是後面的人聽得到我的聲音嗎？這種場合常會以尷尬情況收場，因為其實現場聲音不錯，觀眾無人舉手，你只好尷尬地露出笑容，喔！不好意思，好像多問了！

通常簡報人無須負責場地的設備，如果真的沒人負責或不放心，請

事先試好音量再上場。但如果真的遇到麥克風沒聲音，你也發現台下的聽眾露出焦躁的眼神，這時先別慌，數到三，一、二、三……，假設聲音還沒有復原，這時你就不疾不徐地走到舞台旁邊，請主持人或現場工作人員重新幫你調整好音量。

整個過程中面帶微笑，表現出信心，讓人覺得你隨時準備上場大顯身手。

三、燈光太強！我看不見你們！

是的，當你站上講台時，講台的燈光通常是強又熱，讓你的雙眼睜不開，也看不到觀眾——但問題是觀眾不需要知道這些！

這時眼睛對著暗處，仍然面帶笑容，表現出你平常在家的樣子。你可以走進觀眾群內，如果你真的想與他們互動或看清楚他們！

千萬別用手遮住眼睛去看觀眾，如果想要與觀眾互動或問觀眾問題，可以禮貌的請現場燈光師將光線調到適當的位置。當然最好的方式是事先與燈光師有過溝通，讓他知道何時需要調整光線。

四、這個我待會會講！

演講過程中，不小心一個踉蹌，被一個急切的聽眾打斷你的演說，提出問題，許多人都會不耐煩拋下這句：稍後會講這個地方啦！試圖應付過去。但是，觀眾都不喜歡這樣敷衍了事，就像是被潑了一桶冷水，儘管他打斷了你的節奏，這時就抓緊機會，好好表現一下。因為當下是觀眾最專心的時候了，等到一會兒提到這個部分你就可以輕鬆的跳過。

演講過程中，通常聽眾都不敢舉手發問，如果真的遇到有人發問了，可要好好嘉獎這位觀眾，並邀請其他人一起勇於發問，這樣台上台下的互動就會變得很好，記住！不要耽擱聽眾提出的問題！

五、你們看得見投影片上面的字嗎？

最簡單的方法就是將投影片上的字體大小設為聽眾年齡的二倍，如果聽眾年齡是30歲，那麼投影片的字體至少得60級。

記住，千萬別將投影片塞滿文字，如果你在大講台上演講，製作演講的ppt時，就要想像戶外看板廣告是怎麼做的！

六、讓我大聲念這一段文字給你聽！

筆者前面已說過，投影片的文字不要放太多，可是，萬一你還是放了不少文字在上面，千萬不要讀投影片的文字給現場聽眾。

要聽眾不專心，最快的方法就是增加投影片上的文字。當投影片出現過多的文字時，台下聽眾就開始讀投影片了，然後呢？聽眾就開始分心了！

用簡單的標題，記住你要聽眾讀的文字，要不然，你就要聽眾靜下來大聲念出投影片的文字，然後停下幾秒給聽眾思考這段話，如果你認為這段話很重要，你非得分享給所有聽眾。

七、關上手機，放下平板、電腦！

或許你曾要求過台下聽眾做過這些事，但是未來千萬別這麼要求！因為台下聽眾可能會將你的精采名言直接分享出去，或者正利用平板在記筆記呢！除非聽眾只顧著看臉書、IG或玩手遊。

你可以請聽眾將手機調成靜音，除此之外，你就要確定你的演講好到聽眾情願將筆電蓋上，一刻也不願意放過你精采的演講。

要求聽眾注意你的演說是沒用的，聽眾是被你吸引過來，而不是被強迫來聽！

八、你們不用記筆記或拍照，待會資料都會上網！

是的！如果待會你的資料眞的會上網，那太好了！但很多時候如果聽眾當下沒有記下他們的心得，那麼事後看投影片是沒什麼感覺的，因爲演講的投影片都很精簡。

很多人可以邊聽邊做很多事，不光只是記重點而已，所以不要限制聽眾做什麼事。

以前筆者也曾犯下這種錯誤，以爲不讓聽眾記筆記，只要專心聽講，這樣感覺很酷。其實聽眾做筆記的動作，表示他們聽到了重點，這是一種本能的肢體動作，是反射作用，說穿了不過是一種與講者的互動，記不記筆記不是重點！

九、讓我來回答這個問題！

這是廢話，聽眾的問題當然是演講者要負責回答，只是演講者不要光急著回答問題，要先確定其他的聽眾是否知道問了什麼問題？

所以演講人要先說：「讓我先重複你的問題。」這樣其他的聽眾可以了解現場提出什麼問題，接著演講人再回答問題。

當然，這是一個回答的技巧，藉由重複問題的當下，可以好好盤算如何回答聽眾的問題，而不至於給個草率的答案。

十、我會簡短的報告！

這是空頭支票，但很多簡報人都會用這個來當開場白！

因爲聽眾眞的不在乎你有沒有眞的簡短，反正已經花了時間，重點在於你的演講有無提供新知或具啓發性。所以，當你說：接下來我的簡報會改變你的人生，或是，我原本準備30分鐘的簡報，現在我縮短成25分鐘的簡報，待會你可以提早出去喝茶或上廁所。

想想，這些話何者對聽眾有意義？

再補充一點：啥？已經沒時間了，我還有30張投影片沒講呢！

如果你沒準備好並且需要更多的時間來報告，那就完了！特別是重要的簡報提案，大家的時間都是固定的，事先一定要演練好，並且在允許的時間內完成簡報。

筆者的經驗是提早5分鐘結束，詢問一下現場聽眾有無問題，如果沒有的話，可以請大家在咖啡休憩時間私下來談談！給聽眾提早5分鐘結束，不僅觀眾開心，也會對講者產生好感！

經驗分享

筆者的經驗中，大部分的聽眾都不願意在大庭廣眾下發問，一方面是害羞，另一方面則害怕問沒深度的問題，可是聽眾卻很願意私下與你交換意見，希望能尋求你的建議，因此，不管有無聽眾提問，筆者一定會留下5分鐘給聽眾，通常只要你走下講台就會有聽眾與你交換名片，或提出他們的意見與想法。

結論

把握任何一次上台的機會，不要輕忽，隨時做好準備。聽眾會喜愛你的專業、認真的態度，不浪費他們寶貴的時間！

參考資料：

Jeff Haden. 10 Phrases Great Speakers Never Say, Accessed https://www.inc.com/jeff-haden/10-things-speakers-should-never-say-th.html, 2018-02-20

圖4-3　簡報中常出現的狀況，包括：不清楚觀眾的需求、場地的限制，甚至是過於緊張，也都會影響簡報的進行，而產生簡報災難

圖4-4　簡報人在現場制止觀眾用手機拍攝，會讓場面尷尬，若不想讓聽眾拍照，最好是要事先溝通或由工作人員從旁提醒

▶ **問題思考與討論**

1. 現代人早已習慣簡報時一定要有投影片來輔助，假如有一天你提著筆電上場，然後被告知投影機壞了，你有信心可以不用投影片而繼續做簡報嗎？

2. 隨著「自帶裝置」趨勢的興起，現場聽眾雖然帶著個人筆電或平板卻做自己的事，這時簡報人要如何將他們重新喚回呢？

NOTE

圖5-1　簡報要成功先要了解整個過程

第5堂

開始動手作簡報

當你接受任務準備簡報提案時，首先必須清楚簡報三大步驟，企劃（Plan）、製作（Production）及上場（Presentation），這3P看似容易，但要做的理想也得花不少功夫。本堂中筆者將詳細介紹企劃（Plan）與製作（Production）的基本概念，至於上場簡報（Presentation），在本書第10堂有詳細的介紹。

壹、
企劃（Plan）

一、研擬簡報策略

（一）知道對手是誰？有哪些聽眾？

了解簡報的目的及簡報要達成的目標有哪些？如前面第4堂所言，要先了解每一次簡報提案的目的，是爭取新客戶？還是一般的進度簡報而已？

對廣告公司的簡報提案而言，了解聽眾就像是蒐集敵人的情報一樣，下表中的問題可以幫助簡報人釐清幾個關鍵，好好檢視一下是否做足功課。

認識聽眾（Know your audience）
1. 誰會出席簡報會議？確定的人數是多少？
2. 假設不是比稿會議，出席者的目的是什麼？
3. 聽眾的背景為何？簡報內容有哪些是聽眾已經清楚的，哪些是不知道的？
4. 哪些內容可以讓聽眾驚訝？

認識聽眾（**Know your audience**）
5. 哪些是聽眾想聽的話？哪些是不想聽的？
6. 聽眾（客戶）對公司、產品、目標消費者、代理商及市場狀況的態度是什麼？
7. 聽眾內心最害怕或擔心的情況是什麼？
8. 聽眾中哪幾位是要加深力道來說服的？
9. 聽眾中哪幾位是比較友好的（比稿的評審）？
10. 如何激勵聽眾？將氣氛炒high？

（二）仔細分析簡報的性質

1. 對主管簡報：著重原因與預期的成效。

2. 對同事簡報：須配合與協助的項目，是否有誘因及回饋機制。

3. 對客戶簡報：如何達成預期目標與經費需求，點出有利的因素。

4. 對媒體簡報：注意交代人、事、時、地、物，事件發生的過程及後續處理機制。

（三）認清誰是簡報提案的決策者

很多有經驗的簡報人都很清楚，在簡報中要對著決策者說話，決策者可能是公司的品牌經理或產品線的負責人。許多人以為職位越高，順理成章應該就是關鍵人物（Key person），其實不然，許多廣告或行銷的決策，老闆可能會聽行銷主管的建議。

為了避免簡報的時候犯下錯誤，簡報團隊可以事先跟合作的客戶打聽，甚至可以利用簡報前的寒暄互動觀察了解。當然簡報人要學會「判讀」（Reading）聽眾間的互動情形，因為掌握誰是關鍵人物，簡報說服的攻勢就必須瞄準他。

1. 在策略上，首先必須了解誰是聽眾？此行的目的為何？簡報要完成的目標是什麼？

2. 好好規劃簡報內容，動手撰寫並編輯簡報內容，準備說服聽眾的輔助物品。

3. 選擇搭配簡報的視聽媒介。

二、規劃簡報內容

首先要了解簡報的時間長短，知道簡報的時間後，簡報人就可以判斷可以講多少內容。一般來說，女性的說話速度較快，一分鐘約略可以講150-200個字，男性則在130-160個字左右，以此方式可以推估10分鐘的簡報字數，並決定簡報人有多少空間可以發揮。

估算出簡報的內容字數後，便決定簡報的張數。通常一分鐘的時間要準備1-2張的投影片，10分鐘的簡報約略要20張左右的投影片，當然這要視簡報人說話的速度及簡報的風格而定。

三、考量聽眾人數的多寡

聽眾人數的多寡，會影響到該如何安排場地設施。

四、演講場地大小

最常使用到的簡報場地模式有三種，分別是教室模式、會議室模式與舞台形式。簡報的場地安排往往可以看出主辦單位的意圖，因此，一位細心的簡報人須留意這些細節。

第一、教室模式

第二、會議室模式

第三、舞台形式

五、硬體設備的支援

　　不管使用哪種形式的設置方式，皆必須確定在該場地中的設備可以符合自己的簡報需求，務必在簡報前親自到現場勘察一遍，特別是需要多媒體設備時，一定要事先測試過。

貳、
製作（Production）

　　許多簡報新手最常問的問題是，我的簡報投影片該如何設計才會有個人的視覺風格？關於這一點，最快的方式就是看看大師如何做？以下筆者介紹幾種受歡迎的風格與大師，相信跟著大師的視覺心法，你很快就能掌握設計的要領。

一、簡約風格

　　提起賈伯斯（Steve Jobs）簡報的視覺風格，總是讓果粉們津津樂道，他一貫的視覺簡約（Visual simplicity）風格，不僅令現場聽眾印象深刻，至今幾場產品發表會的簡報堪稱是經典，許多他的追隨者，包括後來的執行長庫克（Tim Cook），也都持續採用這種簡約的風格。

　　賈伯斯簡約的風格不僅是投影片排列設計上可以採用，甚至是數據與圖表也都極其簡單，這和過去科技產業習慣用大量圖表與統計數據的情況簡直是大異其徑。（參閱圖5-2賈伯斯簡報圖）

　　賈伯斯獨特的簡約風格不僅在他的簡報投影片中一覽無遺，他與蘋果旗下的設計師哈穆・埃斯林格（Hartmut Esslinger）及強尼・伊夫（Jony Ive）成功地為蘋果旗下產品設計出獨樹一格的風貌，也成為廣大果粉膜拜的對象。許多人不知賈伯斯篤信佛教，對禪宗佛法特別有興趣，他曾遠赴日本朝聖，也從日本京都寺廟中的庭園設計得到啟發，從中發展出賈伯斯的極簡主義美學。從他對產品外觀設計的要求，到產品發表會上的投影片設計，都展現出濃烈的簡約風格。

　　仔細觀察賈伯斯的簡報設計，他一貫使用墨藍的背景，一上場就可讓喧嘩的聽眾冷靜並聚焦在他身上。賈伯斯的投影片設計方式，就像

是戶外廣告看板設計概念一樣，大圖、粗體文字，再加上對比的設計手法，即使是遠距離的聽眾也看得一清二楚。此外，他簡報時還有一個小技巧，在關鍵時刻他會將他的肢體動作與臉上豐富的表情投放到簡報的螢幕上，增加現場聽眾的專注力，不會因為距離遠而看不見。這種手法在演唱會上常常見到，但賈伯斯將它運用在簡報演說上，效果令人耳目一新，也達到說服的效果。

圖5-2　賈伯斯簡約的投影片風格，就像戶外看板廣告設計的概念

二、繁複科技風

後現代主義潮流再搭配上電腦影像技術，在20世紀末期風靡全球設計界後，許多設計師一改過去工整、簡單樸素的幾何構成設計美學，轉而以破碎、複雜、層次交疊的視覺感官體驗。伴隨數位工具的推陳出新，數位細膩的影像效果也讓投影片增添許多科技風的絢麗美感。

霓虹效果的字體，再搭配暗黑的背景，有種彷彿進入星際大戰的場景；再不然就是重疊影像與細膩逼真的陰影效果，讓播放的投影片帶有前衛的未來感。隨著網際網路雲端的概念，讓大數據運算與人工智能的概念影響下，機器學習、語言辨識的符碼與美學，也都被植入於投影片的設計內，或許不久的未來，人工智能也開始可以產製簡報投影片。

在科技風格大師的指引下，許多簡報人的投影片除了會加入聲音或簡單的Animation gif圖形外，也開始思考如何結合其他的科技工具，例如：VR虛擬實境、AR擴增實境，甚至是結合3D投影的混合實境的簡報，也都是選項之一。

圖5-3　霓虹效果的字體，再搭配暗黑的背景
資料來源：Slidemodel.com。掃描QR code下載霓虹版型。

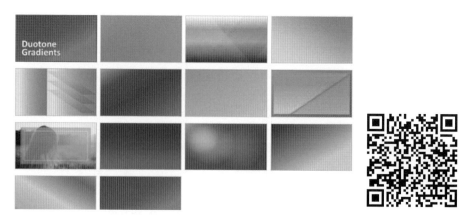

圖5-4　Duotone雙色調的底色版型，有炫麗的科技風
資料來源：Slidemodel.com。掃描QR code下載Duotone雙色調版型。

三、資訊圖像風格

　　隨著數位工具普及，利用圖表、簡單幾何圖形的視覺呈現方式，開始受到專業性的視覺呈現方式，也開始受到專業性的商業簡報人所青睞。這種資訊圖像風格對統計數字、觀念及知識的表現能清晰且快速的說明與呈現，因而在短時間內即受到許多簡報人的歡迎。

　　簡報工具軟體中，以PowerPoint為例，雖內鍵一些圖表設計，如：流程圖、循環圖、關聯圖及矩陣圖等，對初學者而言是夠用的，但如果你不想和別人用一樣的圖像，就必須從現有的圖表中修改或調整，當然最好的方式是重新設計，這樣保證不會有人和你一樣。然而，自己動手設計費時費工，不是一般人可以簡單就完成的，如果時間緊迫又想將投影片設計的不一樣，這時可以考慮圖像授權公司，例如：Infograpia網站就提供許多資訊圖像風格的模版可供下載，這些模版不論是付費或是免費，筆者都建議讀者下載後要進行修改調整，以符合真正的需求（參閱圖5-5）。

資訊圖像風格設計的特點，是從頭到尾完全使用圖像（Icon）來表現而不使用寫實影像或插畫方式，因此，適合各種科學、自然或企業財報的簡報提案，通常設計這種裡性的資訊圖像風格投影片，要加入一些動畫的效果以增加視覺的活潑性。

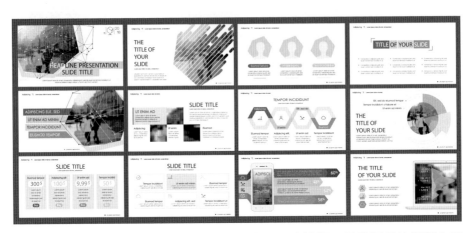

圖5-5　筆者自Shutterstock資料庫購買的資訊圖像模版，通常這類的模版大都需要簡報人重新調整

▶ **問題思考與討論**

1. 簡報軟體有好幾種，但爲何大多數的人還是習慣使用那一、二種工具？每種簡報工具軟體各有其長處，思考一下下次可以試試學習不同的工具，對簡報製作應該會有幫助。

2. 想要策劃一場完美的簡報提案，策劃人就像是一位指揮家一樣，要面面俱到，假設自己是一位簡報提案的策劃人，你覺得自己最大的挑戰是什麼？又該如何去克服？

41%

害怕上台講話

 懼 高 **32**%

 怕 蟲 **24**%

 怕沒錢 **23**%

 怕深水 **22**%

 怕 死 **19**%

 怕搭飛機 **18**%

圖6-1　全球恐懼調查，上台講話竟名列第一

第 6 堂

控制力（CONTROL）

壹、
如何控制緊張的情緒？

　　幾乎每個人都害怕在公開場合上講話，即使是經驗老到的簡報人，往往在重要的場合也會不由自主的緊張。一位學術界知名的教授，曾經告訴我，別看她外表光鮮亮麗，在公開場合講話前會有恐慌、不知所措的感覺，上台後腦筋一片空白，完全忘記原先準備的講稿，只能結結巴巴地說完。

　　而當你有一次不好的經驗後，就會越來越怕上場，除非你克服恐懼的問題。美國一家商業機構曾經作過一項有趣的調查，結果發現竟然有41%的人害怕在公眾場合上說話，而且名列各項恐懼之冠。所以當你下次上台緊張時，不妨告訴自己，全世界有一半的人都害怕上台，這時你會稍微舒緩一些。

　　來看看這些恐懼項目的排名，不禁令人莞爾一笑。

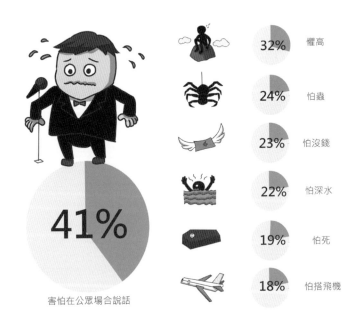

41%	32% 懼高
害怕在公眾場合說話	24% 怕蟲
	23% 怕沒錢
	22% 怕深水
	19% 怕死
	18% 怕搭飛機

一、對付上台恐懼的心理建設

（一）知道自己在講些什麼，而且是真的知道內容

如果有哪個部分是生疏的，不要害怕去承認。換言之，清楚掌握內容後，恐懼就會減少一大半，上台恐懼大半是不知自己要講些什麼？一旦有把握，壓力就會減輕。

（二）相信自己所說的，要說服別人前，先說服自己

就像名人代言一樣，如果自己沒有體驗過商品，那麼講出來的話就不具說服力。簡報提案的支持點一定要充足，這樣說起來才有信心。

（三）別對自己太嚴苛

若別人說錯一字或犯一點小錯，你會認為他是笨蛋嗎？所以別對自己太嚴苛。想想，國家領導人、政治人物或新聞主播，都是受過專業訓練的人，連他們經常會有口誤的情況，更何況是一般人？

（四）告訴自己只是腎上腺素提高而不是緊張，況且緊張是正常的現象

會緊張就表示自己在乎這場簡報，別忘了腎上腺素提高，會讓人表現超乎水準喔！如果這麼想就對了。

貳、
克服恐懼的最佳絕招

當你看過前面克服恐懼的心理建設時，可能一時還無法擺脫上台恐懼的感覺，這時怎麼辦呢？先別急，美國有一位脫口秀的主持人曾說過一則笑話，他剛出道時也是很怕在眾人面前說話，有次出席別人的追思會，突然死者親友家屬要他說些話來悼念死者，他緊張到想躺進棺材內，這樣就不必說話了。可見在眾人面前把話說好，真的不容易！

美國成功演說家貝特（John Bates）有套克服公眾演說緊張的妙方，筆者在訓練學員簡報提案時也經常採用，效果不錯，這個方法主要藉由心理建設，改變造成緊張的錯誤認知，他的步驟很簡單，包括以下幾個方法：

一、不要太自戀

很多人會緊張的理由有時令人覺得很可笑，因為過於自戀！擔心自己的穿著是否得體？擔心自己的眼皮是否太腫？是否會講錯話？等，其實是多慮了，在旁人的眼裡，他們根本不會在意這些小細節。

筆者自己常常出席很多場合，有時主辦方會事先告訴你，要邀情你上台致詞，剛開始時自己非常緊張，擔心自己講不好，稿子一改再改，等到現場發現，要致詞的人不只一位。短短的幾分鐘，現場似乎也不太在意你說什麼，有了這些經驗後，反而可以輕鬆面對，這樣反而吸引別人的關注。

二、呼吸練習

呼吸是任何運動很重要的一環！緊張時呼吸一定會急促，這時一定

要深呼吸，例如：太極拳的氣沉丹田，全身放鬆，就是好的開始！

第一步，從現在開始，每當你進入任何會議室或任何簡報的現場，進去前不妨放慢步伐，順手一揮，告訴自己已將緊張、憂慮的自己擋在門口。

第二步，告訴自己，待會進去後是一個全新的自己，帶著開心的心情說：我來了！讓你們久等了！這樣一開始就能炒熱氣氛。

三、主動與人攀談

筆者個人的經驗是，如果時間充分，筆者一般會提早20分鐘抵達，除了有充足的時間調整自己的狀態外，也藉此熟悉環境並認識現場的聽眾。依照貝特的建議，好好使用FORD（家庭〔Family〕、職業〔Occupation〕、娛樂〔Recreation〕、夢想〔Dreams〕）的談話主題。

這是很容易拉近關係的幾個主題，一旦你與他們熟識之後，在熟人面前作簡報或演講就比較不會緊張，你也比較容易與其互動，下次到了新場合時，可以練習FORD的主題模式，慢慢熟能生巧，人際關係自然也有所進步。

四、告別緊張壓力

當你學會上述消除緊張的方法後，生活變得更有趣、輕鬆和好玩。然後，在你練習一段時間後，你會發現自己越來越受歡迎，經常會有人邀請你演講或致詞。你會發現生命獲得了一種全新的能力，從緊張的狀態，轉移到與觀眾在一起，台上台下融合一片。

當簡報人能成功的克服恐懼後，就能順利掌握提案的步調，因此，學習克服恐懼是學習控制力的第一步。

參、
令人印象深刻的自我介紹

當你進入一個陌生的場合準備簡報提案時，首先必須自我介紹，讓現場聽眾先認識你，簡報人必須在這時候就要引起聽眾注意，讓觀眾的目光開始關注你。

但，很多簡報人急著報告內容，匆匆忙忙簡略的介紹自己，甚而連自己的名字都說不清楚。其實來聽簡報的人很多想知道簡報人是誰？你為何代表團隊來作簡報？很可惜，大部分的人都忽略到自我介紹的重要性，整場簡報聽下來竟然不清楚誰在作簡報？如此，自然很難說服在場的聽眾，因為，他們對簡報人不認識，對於不認識的人所說的話自然是半信半疑，很難被信服。

一、好的開場白，建立聽眾對你的信任

在公眾演講的過程中，必須在短短的1、2分鐘內吸引聽眾的目光，引起注意並建立信任。演講者透過好的自我介紹讓聽眾更深刻的認識你，並對你的專業、風采產生信任。儘管聽眾已經認識你了，而且是慕名而來，他們更想聽你的自我介紹，聽你如何定義自己，如何規劃自己的人生。

因此，成功人士都要知道如何作自我介紹，更何況是一般人呢？

二、I Love U 的自我介紹訣竅

在筆者過往演說與簡報的經驗中，I Love U的方法簡單又有效。

（一）首先I代表的是「Identify」，而不是字面上的「我」

「Identify」的意思是，簡報人一上場就必須讓人辨識出來，大家對你有印象，如此，可以成功的吸引台下聽眾的注意。

至於要如何讓人辨識呢？首先必須讓人記住你的名字，包括：名字的諧音、名字的意義及名字的典故。是否跟名人有相互的關聯，這些都是可以讓人對你的名字產生興趣。再不然就是你有趣的外號、別名等，這也行得通。

如果實在找不出名字的特點，那就換個方向，說說你的專長、行業的特點，或許下回見面，別人雖叫不出名字，但會說：哇！你就是那位電腦很厲害的先生！或是，你就是專門幫名模化妝的彩妝師。

（二）「Love」代表的意義可以進一步引申為：Love to do; what are you passion for？

為什麼自我介紹要提這項？這是告訴別人我的專長是什麼？我是什麼領域的專家，將來你有這方面的問題都可以來找我，這樣別人就記住你的好處；另一方面，告訴別人你熱衷的事物，未來有共同的嗜好便可以拉近彼此之間的關係。

（三）最後一項是U，代表的是Unique

你有何特殊的人格特質是別人沒有的嗎？你曾完成別人沒有做過的事嗎？Nick Vujicic從小無四肢，卻是一名運動健將，他樂觀的處事態度曾激勵不少人。Nick在演講中總是讓人將他放在講桌上，然後他會風趣的說：「你看！我們的身高一樣了。」

他所到之處，人們總感受到他樂觀的特質，這就是他Unique地方。想一想，當你上台的時候，你希望別人感受到你的特質是什麼呢？這攸關你是否會讓人記住的關鍵。

心理學家曾指出最受歡迎的幾項人格特質，包括：誠懇、樂觀、誠實、信賴、熱忱等。若你在簡報提案的過程中展現這些迷人的人格特質，不僅讓人印象深刻，台下的聽眾也很容易被說服。

　　由上面的說明讓我們理解公眾演講或簡報提案中，自我介紹的重要性。而「I Love U」的訣竅更能幫助簡報人成功地將自己介紹出去，讓聽眾對你印象深刻！

　　知道方法後，試著用3-5分鐘的時間來自我介紹，將上面所講的I Love U訣竅應用進去，在下次簡報時，你的自我介紹將讓人耳目一新。

圖6-2　「I Love U」的訣竅更能幫助簡報人成功地將自己介紹出去，讓聽眾對你印象深刻！

肆、
如何掌握簡報現場的氣氛

一、與聽眾的眼神交會（Make eye contacts）

學會掌控自己緊張的情緒後，緊接著要學習如何掌握現場的氣氛與步調，第一件事就是學習如何與聽眾眼神接觸。

常言道：「眼睛是靈魂之窗」，眼神與目光接觸（Eye contact）是最重要的非語言技巧之一。建議演講者在簡報時，先與熟悉的人目光接觸一下，除了有助於增加信心外，也讓緊張的情緒稍加平復，之後，目光再移往下一位聽眾。試著和大部分的聽眾目光接觸，交替凝視全部聽眾，和聽眾目光接觸不僅可以提高他們的專注力，也可藉此讓聽眾感受演講者投入的心力。

曾有學生問筆者：萬一到了一個陌生的場合，放眼望去無一人熟識怎麼辦？這時筆者就會先找一些面容、目光和善的聽眾，說什麼都會點頭的聽眾，這些聽眾通常較無敵意，比較好作眼神交會，接著慢慢建立與觀眾的互動效果後，再將眼神轉移到其他人的眼神上。

二、如何作開場白（Make an attractive opening）

簡報開始後的90秒鐘，是相當重要的關鍵，要善用這段時間，做出一個強而有力的開場，並且與在場聽眾建立起關係。以下有幾種方法可以幫助你開場：

（一）直問法

向聽眾提出問題，讓聽眾產生參與感。筆者看過許多成功銷售的演講大會，例如：在成功的創投演講或是直銷經銷商的業務會議，演講人

一上台開口就說：現場在座的朋友們，有誰想要在一年內賺到一千萬的人生第一桶金？這就是直問法，當然立刻就抓住現場想要發財觀眾的注意力。

（二）引述名言

選擇合適或聽眾信賴的人的言論。每年到了畢業季，大家都會關注名校找了那些大咖來畢業演講，2005年賈伯斯出席美國史丹佛大學畢業演講，他的「Stay Hungry, Stay Foolish」中文翻譯為：「不忘初心，放得始終」，也有人翻成：「求知若渴，虛心若愚」。不論你喜歡哪一個，賈伯斯的這句話是最多人會引述的名言。

（三）令人震撼的統計數字

統計數字應盡可能地簡單，但要具有震撼力。數字本身不會具有震撼力，這要看演講者如何巧妙地詮釋它。讀者可以回想一下，媒體有時為了吸引讀者的注意，常常會用聳動的統計數字作標題，例如：有媒體報導台灣的孩童是亞洲最胖，平均每四個孩童就有一個是胖子。這個標題很聳動吧？可是再進一步了解，這統計的樣本數是多少？孩童什麼樣才是胖子？過胖的標準何在？當你進一步再去思考這個統計數字的真實性時，就會引發不少疑問，但至少在第一時間，這個標題已經成功吸引到不少人的關注了。

另外，新型冠狀肺炎爆發以來，世界衛生組織曾表示，全球將有十分之一的人口會感染新冠病毒。世界人口統計有78億，這表示有超過7億人會被感染新冠病毒，然而這個推測實際上比官方的統計數字還超出許多，換言之，世界衛生組織為了要喚醒世人對疫情的重視，因此，用了較誇大的統計數字來警告各國注意疫情的控制。

（四）小故事

　　讓人產生興趣的小故事。簡報提案或是公眾演說有時就像說故事般，人天生下來就喜歡聽故事，小時候人們喜歡聽床邊故事，長大後不論是纏綿悱惻的愛情故事，或是令人壯志填膺的冒險故事，都是吸引聽眾的，例如：筆者曾聽過一位演說家，一開始不說半句話，手裡卻高舉著一張100美元的鈔票，面對現場的聽眾，他問：「誰要這100美元？」於是一隻隻手舉了起來。他接著說：我打算把這100美元送給你們之中的一位，但在這之前，請准許我做一件事。他說著將鈔票揉成一團，然後問：誰還要？現場仍有人舉起手來。

　　接著他把鈔票扔到地上，又踏上一隻腳，並且用腳碾它。然後他再撿起鈔票，鈔票已變得又髒又皺。

　　現在還有人要嗎？現場還是有人舉起手來。

　　從這個小故事體會到，無論如何對待那張鈔票，都還是有人要它，因為鈔票不因為又髒又舊而貶值，它依舊值100美元。人生路上，我們無數次會被逆境擊倒、欺凌甚至碾得粉身碎骨，讓我們覺得自己似乎一文不值。但無論發生什麼，在上帝的眼中，我們永遠不會喪失價值。在祂看來，骯髒或潔淨，衣著齊整或不齊整，我們依然是無價之寶。

（五）格言

　　格言就是大家熟悉的俗語或道理。使用熟悉的俗語可以用來拉近與台下聽眾的距離，並讓他們覺得有好感。最常見的是選舉期間，各候選人的競選演說，候選人為了爭取各個族群的好感與支持，到達當地之前，都會學習使用當地習慣的俗語，例如：到了客家莊，自然就會用客家俗語來開場；到了原住民的部落，自然也少不了原民問候語。

（六）類比

「類比」是心理學的名詞，所謂類比，就是由兩個物件的某些相同或相似的性質，推斷它們在其他性質上也有可能相同或相似的一種推理形式。簡單來說，就是比喻手法，將複雜、難懂的程序用簡單的方法來說。近年在網路社群流行的懶人包手法，就常使用類比的手法讓人快速的理解。

三、如何作完美的結局（Make an perfect ending）

簡報結束後，不是說「謝謝大家！」（Thank you for your attention!）就下台了！

簡報到了最後要再創造另一個高峰，要讓聽眾再度關注外，還要感到意猶未盡，欲罷不能。更重要的是要檢視一下簡報是否已達成預期的目的？在此，提供幾個重點：

（一）要求未來業務合作的機會

如果這是一項廣告比稿提案，或是業務銷售計畫，結束前就要詢問客戶的想法，是否接受提案的構想？如果是比稿，就要要求客戶將案子給我們，至少提供合作機會，讓團隊發揮展現創意。

筆者曾多次擔任公部門的評選委員，幾乎沒有廠商在簡報提案中，有信心的要求評審打第一，將機會給他們，這是相當可惜的。當彼此的實力在伯仲之間時，誰有信心做好，誰就有機會獲得青睞。

（二）作出決策或贏得口頭上承諾

簡報提案結束時，要作出下一步的指令，告訴聽眾該如何行動。特別在廣告公司的創意提案時，往往會遇到客戶猶豫不決的情況，這時如果廣告公司沒有適時的push客戶作出決定，可能案子就會懸在那邊。

（三）總結簡報重要的論點

總結一下要點，加深聽眾的印象，同時也能連貫前後關係，看到整體簡報的訴求。

（四）提出幽默動人的溫馨結語

讓聽眾離場前倍覺溫馨，一再回味。假設結束後還有茶敘的話，簡報內容將會是大家的話題，讓聽眾欲罷不能，熱潮繼續加溫。

（五）以著名的語錄來當結論

這是激勵聽眾的手段，也指引出後續的行動來。

（六）重新攪動構想，帶出另一次戲劇性高潮

攪動的構想最好是延續剛才簡報的內容，不然可能會推翻原先的簡報內容。

（七）設定時間表，帶領聽眾一起行動

延續第5堂APAT成功簡報流程中的行動Action，明確告訴聽眾下一步該如何進行。

圖6-3　將緊張、焦慮的自己擋在門外，以全新姿態走入會場

▶ 問題思考與討論

1. 本堂中，筆者介紹了數種克服簡報時會緊張的方法，想想看自己還有什麼法寶可以免除上台的恐懼？

2. 筆者初入廣告界服務時，資深的前輩曾說過，簡報提案時要懂的「判斷聽眾心裡面的喜好」（Read your audience），下次當你在做簡報時，可以嘗試閱讀現場聽眾的表情，可以發現他們是否喜歡你的簡報。

3. 本堂中筆者提到尼克・胡哲（Nick Vujicic）勵志動人的演說，讀者不妨思考一下，自己上次被演講打動的時候，對方是宗教家還是政治家？或者只是一位小人物？而打動你的一句話是什麼？

NOTE

圖7-1　六類說理論點的方法，讓簡報更有說服力

第 7 堂

内容力（CONTENT）

說理論點——
說服客戶的好方法

　　簡報提案設計，不只要將內容精簡，更要思考如何說服聽眾，特別是提案的簡報，如何讓客戶點頭、買單，是提案最重要的目的。說服聽眾是有方法的，以下介紹說理論點的六類方式，這六種方式是簡報核心技巧，善用這六種方式能將簡報做的生動吸引人，更重要的是幫助簡報人說服聽眾，順利達到提案的目的。

壹、
圖像敘事

　　「圖像敘事」簡單來說，就是用圖畫取代文字來說明。就像是小朋友閱讀的繪本或圖畫故事書一樣的道理。圖像包括：照片、插圖、漫畫、圖表或貼圖，所謂「有圖有真相」或是西方人所說的A picture is worth a thousand words，指的就是圖像能幫助閱聽人理解，進而達到溝通的目的。在資訊爆炸的時代，閱讀圖像比文字來得容易許多，特別是向客戶簡報複雜的構想或概念時，若有圖像來幫助說明則會事半功倍，因此，善用圖片是簡報致勝的第一步。

　　圖像化的溝通有許多好處，例如：詮釋文字無法表達的事物，特別是一些抽象的概念，例如：人體的組織功能，這時我們需要圖像來溝通。從視覺認知的角度來看，人在閱讀圖片時有二個路徑，分別是：由下往上（Bottom-up）與由上往下（Top-down）（參閱圖7-2），二種路徑來傳遞訊息。我們能清楚看到影像是因為光線將物體反射集中在視網膜上，類似照相機的原理，在中央窩（Fovea）中，它讓我們分辨物體

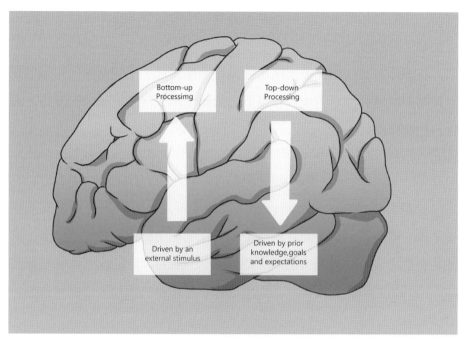

圖7-2　大腦視覺認知二種傳遞的途徑，Top-down與Bottom-up

的細節、顏色、明暗，由於中央窩很小，因此我們看到的區域並不多，不像其他動物能看到的那麼多。

　　Bottom-up由下往上的路徑是，當我們眼睛受到外界刺激時會被吸引，例如：早晨走過星巴克咖啡店，看到買一送一的廣告海報，這時我們會想起先前喝咖啡時的美好經驗，再加上同樣的價格可以買二杯。這個認知受過去的記憶（memory）、預期（expectation）、意圖（intention）等因素所影響，於是產生購買咖啡滿足慾望的企圖，當下這些因素又讓我們認知由Bottom-up轉為Top-down的過程。

　　Top-down的過程剛好跟Bottom-up相反，眼睛受到大腦意識的驅使而主動去搜尋事物，例如：在街上我們主動去找某件商品或上網搜尋資訊，都屬於Top-down的模式。由於受大腦意識驅使的關係，在搜尋的過

程中，我們對其他事物視而不見，直到目標物出現，由此可見，人的視覺認知是錯綜複雜的。

在簡報提案的過程中，使用圖像有幾種方式，依照簡報人的訊息設計策略而能達到預期的成效。以下這幾種是筆者常使用圖像的方法，適合各種簡報提案使用而達到不同的目的與需求：

一、留下深刻印象（Impression）

一般人想到圖像，大概會使用照片來傳達，但真正會攝影的人不多，放一些無關緊要的照片助益不大。在簡報中使用的照片或影像，必須是有意涵且可以打動人心的。想想過去《Life雜誌》或《國家地理雜誌》所刊登的精彩圖片，就可理解簡報中有精彩的照片，確實可以加分不少。

《蘋果日報》在台發行後，新聞圖像化的呈現方式，不僅衝擊台灣原有的三家報紙，更改變民眾的閱報行為。過去報紙主要以閱讀文字為主，《蘋果日報》以圖片吸引讀者，改變讀者的閱報習慣，從「讀」報紙頭條到「看」頭版新聞照片。由於圖像比文字更容易被理解與吸收，因此，一發行馬上成為最受讀者歡迎的報紙。

簡報過程中，如果有豐富的圖片就儘量用圖片，甚至可以放滿整張投影片。文字太多，聽眾閱讀起來就開始分心並忽略到演講者的內容。

二、抓住聽眾的注意力（Attention）

在前幾堂課中，筆者一直強調簡報要抓住聽眾的注意力。有的簡報人喜歡講笑話或搞怪模仿來獲取注意力，但筆者更喜歡用圖片來抓取聽眾的注意力，特別是扣連著主題的圖片。

注意力可以藉由外在的刺激物，透過由小看大的認知過程中獲得。簡報人可以藉由畫面的安排，利用畫面對比（Contrast）、運動（Movement）等效果來觸發觀眾由下到上（Bottom-up）的注意力。

　　許多國內外成功的廣告作品都充分使用Bottom-up的視覺溝通模式，筆者在作簡報時也常會使用這些作品，每個階段開始前先抓助聽眾的注意力。

三、簡化圖像增進理解力（Comprehension）

　　簡報中每張投影片停留的時間不會太久，聽眾往往又會忽略到圖片上重要的細節，因此，必須讓聽眾知道往哪邊看才是重點。

　　在選擇或是設計圖像的過程中，讀者常被不相干的事物干擾而分心，所以重要的事物一定要凸顯出來。一般戶外的環境指標設計，採用的就是圖形簡化策略，讓大眾很快速的理解想要表達的意思。

　　簡化寫實圖像（Reduce realism）的表達方式有許多種，包括：保留外形、剪影方式、簡化色彩等，在視覺認知的過程中，透過快速的辨識而能掌握訊息。在簡報中使用這類的圖像主要能達成教育聽眾、說明解釋或廣告促銷使用（參閱圖7-3）。

圖7-3　簡化圖像（Reduce realism）的表達方式在於快速了解，無須細部描繪的表現，也能讓人在短時間內辨識（例如：說明書、地圖、環境指標等）

（一）使用視覺符號指引重點

　　使用視覺符號，例如：箭頭指示、爆炸色塊、對話框等，都是可以引起聽眾的注意方式！簡報軟體PowerPoint中，在「插入」選單中的「圖例」部分，有提供SmartArt的選項，裡面有循環圖、階層圖、關聯圖、矩陣圖等，這些都是結合視覺符號的表達，適合簡報人將複雜的概念，用簡潔的方式來表達。

　　一般來說，在不得以的情況下，製作了一張複雜的投影片，但為了讓聽眾清楚知道重點在哪邊，這時使用視覺導引是很好的方法，直接指出閱讀的重點與動線，這比簡報時用光筆或一根棍子，看起來高明多了。

（二）把抽象的概念具像化

圖像敘事最好的效果是將一些抽象、複雜的概念，用圖像來傳達，讓聽眾有恍然大悟的感覺。近幾年網路上流行的懶人包與新聞圖卡，用在防疫宣導、認識毒品及公共政策的宣導上收到不少效果。

許多健康傳播與科普教育上，常常使用這種方法來表達，例如：疾病產生與散播的管道、科學的原理與發明，甚至是一些經濟趨勢與報告，

圖7-4　廣告作品中為吸引顧客的注意，經常以誇張手法造成視覺上的衝擊
資料來源：adsoftheworld.com，作者重繪

都可以用圖像來敘事。一個成功的簡報人必須將深奧的知識用簡單的方式讓聽眾理解。

筆者在學術界服務時，經常要出席很多學術界的研討會，聽很多人發表研究成果，大部分的報告都非常枯燥與無味，問題出在於簡報人無法將抽象的概念給具像化，因此，即使是很好的研究成果也乏人問津。

圖7-5　視覺指引（Visual cue），在解釋概念可以帶領聽眾注意重點。
　　　　Visual cue有時也使用在流程的說明

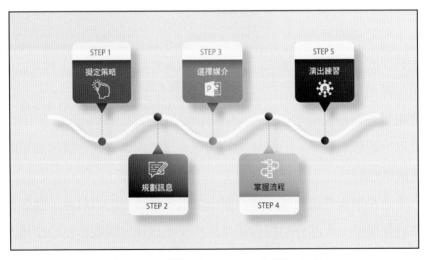

圖7-6　色彩指引Color cue的使用方式

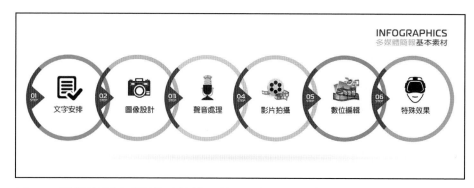

圖7-7　圖像敘事最重要的功能就是利用視覺符號快速指出重點，以這張流程圖
　　　　來說，可清楚認識多媒體簡報的組成要素

貳、
舉出範例

簡單來說，範例就是舉出貼切的例子，簡報人可以依照主題找出適合的例子，然後以此類推。在企業行銷活動與政府文宣的簡報提案中，筆者一定會建議提案者，在提出構想時，舉出相關成功的案例，一定會加深客戶的印象與信心。

筆者過去常協助政府衛生部門作健康宣導，例如：在乳癌防治的工作中，一般婦女都已經有自我檢查的概念，但在偏鄉地區婦女作篩檢的成效一直有限，因此，政府有關單位計畫與民間企業合作，共同宣導防治乳癌。在尋找相關的案例時，發現日本內衣品牌華歌爾早在日本協助防治乳癌多年，甚而將這個活動推廣到亞洲地區，成效相當顯著。

有了這個範例，傳播公司成功地說服衛生部門，加入華歌爾粉色 Pink ribbon 計畫，連同亞洲各國一起造勢，讓每位女性消費者在購買內衣時，不忘提醒自己要注意乳房篩檢。

參、
類比應證

何謂類比應證的表達？簡單來說，就是從已知的經驗推論到未知的事務上。在操作手法上有二大類，一是：隱喻類型，包括：關係相似、實質相似與外觀相似；第二類是：完形法則，包括：接近性（Proximity）、連續性（Continuity）及相似性（Similarity）。

一、隱喻類型

隱喻的表達，簡單來說就是比喻，簡報中需要將事情講的簡單清楚又好記，隱喻是最好的方法之一，在日常生活中，人們的對話也常出現隱喻的口吻，例如：形容人的體格健壯，我們會說：「強壯得像頭牛一樣」，形容衣服很皺，則會說：「衣服像鹹菜乾一樣皺」，這些都是外觀相似的表達方式。

實質相似則是兼具外觀與關係相似的形容，曾經有那麼一款車子的廣告是這麼說的：「坐上這款車的汽車座椅，像是坐在家中的沙發」，用這樣實質相似的比喻手法來說明汽車座椅的舒適感。

外觀相似則是具有挑戰性的隱喻，因為它不像外表或實質相似那麼直接與明顯，它是藉由類比與屬性讓溝通的對象體會而理解。例如：有一款包裝豆腐品牌強調的概念是「豆腐心、慈母心」，用慈母來隱喻這款豆腐有著媽媽的味道，這就是關係相似的用法。

二、完形法則

完形法則主要用在圖像的設計上，接近性（Proximity）的概念是，二個不同的物體放在一起，視覺上會自動將它歸類在一起；連續性

（Continuity）原本是數學名詞，用在設計上的概念則是藉由前面的運動路線預期下一個路徑；相似性（Similarity）則是因爲外觀近似而被看作是同一類東西。

完形法則是平面廣告經常使用的設計方法，以下幾則例子就是使用完形法則的廣告作品。（參閱圖7-8、7-9）

台灣近幾年的防疫措施也常使用類比印證的手法，例如：2020年全球爆發的新冠肺炎（COVID-19），衛生單位宣導新冠肺炎的防疫過程中，由於新冠肺炎是境外移入的傳染疾病，國內公衛專家對此所知不多，新冠肺炎在中國武漢爆發，台灣也有可能受影響，當時衛生單位對民眾信心喊話，使用防疫的模式，包括：勤洗手、量體溫及戴口罩等方式，其實就是仿照SARS的防疫措施，換言之，類比就是將過往的成功經驗再複製一次，也因爲有先前防疫的經驗，相較於歐美國家所受的影響也較低。

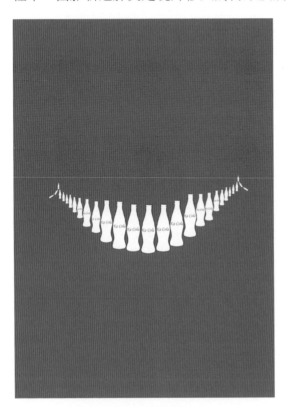

圖7-8　採用完形法則之相似性（Similarity）手法的可口可樂作品，利用瓶子組合成嘴唇上揚的表情。

原作：Noa Binder，本書重繪。

圖7-9　採用完形法則之接近性（Proximity）手法的芳香劑廣告，利用畫面圖形
　　　接近的巧妙構圖，看起來樹林與鬱金香是由產品噴出來的

資料來源：https://www.adsoftheworld.com/。本書重製。

肆、
統計數字

　　統計數字代表的意涵就是事實。簡報中當你提到一種普遍的事實時，台下的聽眾可能感覺不深，可是一旦簡報人拿出數據給聽眾時，說服力頓時增強不少，例如：台灣上網的人口已經相當普及了，大部分人的家裡都可以連接上網路。

　　換個角度，我們用統計數字來描述上網人口，則變成：根據2015年「台灣寬頻網路使用調查」的報告，台灣網路的使用者已高達1,883萬人，已超越台灣人口的80%。這樣的文字引用數字，不僅讓台灣上網的輪廓更具體，文字也更具說服力。

　　簡報提案中，數字是最有力的武器，但能否正確的使用數字再搭配圖表來呈現？則是一門簡報重要的學問了。

一、掌握圖表，讓資料清楚表達

　　統計數字通常要搭配圖表的設計，這樣才能有相互間的比較，數字的重要性才能呈現出來，以下是四種常見的基本圖表：

（一）直條圖（column chart）：表示大小

　　直條圖主要使用在比較數量大小，藉由高低的條狀來凸顯出數字的重要性。比起閱讀表格，圖表明顯比較容易看出數字大小的差異。

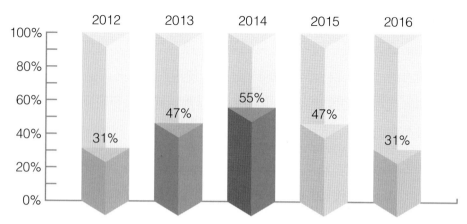

圖7-10　以某公司產品歷年的銷量統計為例，利用直條圖的統計圖表，很容易
　　　　看出歷年銷售的差異

（二）折線圖（line chart）：表示變化

　　折線圖適合用來表示變化或推移，也適合用來比較多筆資料的變化。下面的折線圖說明新冠肺炎在歐美嚴重國家確診分布的情況。

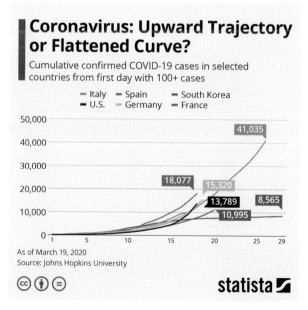

圖7-11　2020年3月，新冠肺炎突然在歐美各國爆發，利用折線圖可以看出幾個嚴重國家確診數突然上升的走勢圖

資料來源：
美國Johns Hopkins大學。

（三）圓餅圖（**pie chart**）：表示百分比

　　圓餅圖大概是一般人最常見的圖表，適合用來表示各個項目在全體之中所占的比例。繪製圓餅圖時須注意，使用的資料必須是合計為100%的資料。從專業的角度來說，圓餅圖對專業數據的呈現幫助不大，視覺上比較美觀而已，甚而一些學術報告比較不會採用。

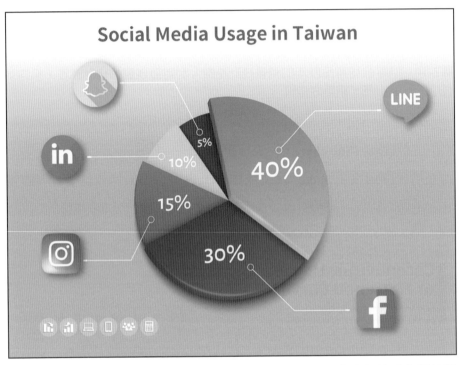

圖7-12　台灣幾大社群媒體使用分布的比例，圓餅圖的好處在於快速的將數據的意義呈現出來

（四）堆疊橫條圖（band chart）

　　堆疊橫條圖適合用來比較相同項目的比例，在不同年代或不同條件下如何變化。從以下圖表可看出0-14歲的幼年人口比例正在遞減，65歲以上的老年人口比例則是逐漸增加。百分比堆疊橫條圖的缺點在於無法呈現總數的增減。

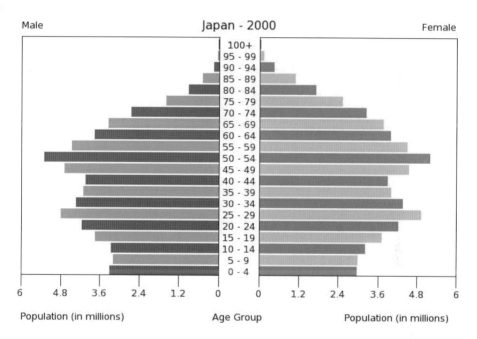

圖7-13　以日本2000年人口分布的統計圖來看，用堆疊圖來呈現可以很清楚的看出男、女性在各年齡層間的分布

資料來源：https://www.chegg.com/study網站。

（五）其他圖表

　　除了上述介紹的圖表外，部分的簡報軟體還提供區域圖、曲線圖、雷達圖等，主要看簡報人對數字表達的需求。

二、善用數字，提升你的簡報力

（一）賦予數字意義

簡報中數字如果只是一股腦的排列，很容易使人感到疲倦或無聊。唯有讓人理解當中所含的意義，才能發揮出數字的巨大力量。

數字本身不會具有震撼力，這要看演講者如何巧妙地詮釋它。例如：台灣已是全世界生育率最低的國家，生育率不到1%。或許一般人對生育率1%毫無感覺，可是當你說台灣人口有生育能力女性，平均一百人生不到一個小孩，這就會讓人驚嚇。

記得1998年第一代iPod開賣時，它的賣點是機身僅185克，並有5GB的大容量。當時一般消費者對5GB的大容量毫無感覺，於是賈伯斯換了一種消費者聽得懂的語言來說，他說：iPod的顧客可以把1000首歌放進口袋裡，也就是隨時帶上100張CD唱片在身上。就是這種消費者聽得懂的語言，讓iPod大賣好幾年。

（二）把龐大的數字換算成「單位平均量」

有時數字太龐大，一般人反而沒有感覺，這時候我們就會將它換算為「單位平均量」，如此一來，聽眾會比較有感。

比較的量÷希望設定為單位的量＝單位平均量。例如：200天銷售400萬支iPhone，400（萬支）÷200（天）＝2（萬支/天）。換算成平均1天銷售2萬支，這個說法就比較讓人有感。

另一個例子：前一陣子美國商業週刊報導，Apple電腦公司將成為美國第一家市值超過1兆元的公司。「1兆」究竟有多大？可能很多人都不是很理解，一兆是10萬億！如果還沒概念，可以這麼說，一億是後面8個零，一兆則是後面13個零。

一億 100,000,000

一兆 10,000,000,000,000

如果是這樣表達，或許一般人就容易理解了。

或者我們也可以這麼問？從1數到1兆要多久?假設1秒數一個數字，1小時有3,600秒，1天有24小時，所以1天有86,400秒。取整數，假設1天可以數到10萬，1年大概可以數到3,650萬， 3年可以數到約1億左右。

1兆是1億的1萬倍，數到1兆要3萬年。任何人聽到一個數目需要數到3萬年，相信都覺得不可思議，由此可見，簡報人如舉出一個龐大數字，不如將它換成「單位平均量」會更有說服力。

（三）數字需要比較才有意義

「比較」是一種藉由單位平均量的並列，賦予數字意義的重要手段，數字需經過比較才有意義。

日本的軟銀通訊公司發表企業的願景，推估2040年的日本通訊速度將達到3Pbps（每秒3PB）的速度 （目前日本的通訊速度是每秒1GB）。光看這樣的消息稿是很難理解每秒3PB與每秒1GB的差別？因此，必須換一種比較方式，看看下面哪種單位的描述，聽眾會比較有感？

1. 用數據的單位來換算

1PB（petabyte）=1024 TB

1TB（terabyte ）=1024 GB

1GB（gigabyte）= 1024 MB

1MB（megabyte）=1024 KB

1KB（kilobyte）=1024 byte

2. 用熟悉的事物來計算

目前電信數據的傳輸量每秒1GB可以傳輸一首歌或1/4份的報紙；到了2040年每秒1PB則可以傳輸300萬首歌曲或2000年份的報紙。

上述二種數字的表達方式，不能說哪一種較好，要看簡報人是對誰說話。前者可能適用於科技產業的專業人士，後者則適用於普羅大眾。

三、圖表需要視覺美化

一位著名的統計學教授霍華德‧魏納（Howard Wainer）曾說過：「一個3歲小孩都知道1/3的蘋果派比1/4的大。」如果光靠數字，3歲小孩未必懂得1/3大於1/4，但是藉由圓餅圖的比例分配，一眼就看出它的大小。這段話說明數據視覺化的重要性，一項數據如果透過視覺的美化，更能造成震撼的效果。

20多年前著名的統計學家約翰‧圖基（John Tukey）就曾寫過「分析統計數據中的數字，最大的目的是解釋現象而非呈現數字訊息。」很多人在簡報中都急著呈現數字給聽眾看，卻忘了這個數字代表的重要意涵是什麼？最常見的例子是政府主計部門在公布物價波動的數字，例如：這一季物價平均上揚2.0%，一般民眾對這種數字不會有感覺，但如果在簡報中你用直條圖來呈現近年來物價波動的趨勢，相信聽眾會立即感受到物價波動的壓力。

一個缺乏視覺美感的統計圖表經常會讓人會錯意，儘管它所呈現的數字是正確的，卻仍無法刺激聽眾的大腦來傳導訊息。好的圖表設計能激發聽眾的想像力，將先前的認知與數字的意涵建構起來。將冷冰冰、令人無感的數字符號賦予生命的火花。因此，同樣的數據，經過不同的視覺化處理，效果迥然不同！

伍、
專家背書（名人加持）

在簡報中引用專家的意見或說法。簡報人自覺分量不足，怕聽眾無法認同，不妨適時引用權威人士的看法，藉以凸顯自己的立論。

專家背書或名人加持的概念源自於廣告的訴求手法中的Celebrity endorsement。當簡報人敘述一種概念或方法時，若非聽眾熟悉的知識，聽眾一定會產生疑惑？「這是真的嗎？」其實這個道理很簡單，人的知識大半是被灌輸來的，不是課本就是報章雜誌，我們從來不會去質疑課本的真實性。在科學領域中，一項發明或新知發表時，必須公開它的研究過程與數據，即使如此，還是不斷有人會去挑戰它的正確性。下面有二段文字針對「酪梨」（Avocado）的描述，若你是現場的聽眾，哪一種會令你印象深刻？

A：每年9月開始就是酪梨的產季，酪梨含有：維生素A、C、B6、葉酸、礦物質及纖維素等超過二十種營養素，是相當營養的水果，在產地又被稱為「森林的奶油」呢！想要擁有健康的身體，食用酪梨準沒錯！

B：美國公衛組織APHA的期刊報導，酪梨含有多種人體所需成分，每天食用有助於改善心血管、免疫及皮膚狀況，是相當營養的水果，在產地又被稱為「森林的奶油」呢！

從上面的例子很明顯得看出，有了專家機構的背書，訊息會讓人更有印象！

不少廣告理論有談及名人對銷售的效果，名人包括：知名的公眾人物、演藝人員、模特兒，甚至是各行各業的成功人物。在廣告行銷中，使用名人可以提高至少18%的銷售金額，效果比不使用名人好太多。

　　如果在銷售的簡報提案中，加入名人加持的概念，通常較容易獲得好感，甚至模仿名人的語氣與台詞有時也會收到意想不到的效果。

陸、
示範演出

　　大部人的人都有眼見為憑的習慣，因此，簡報的過程中若有機會，一定要善加利用示範，以增加說服力。示範不一定要現場演出，有時使用播放影片方式亦有異曲同工之妙。

　　示範演出又可稱為實證說明（Testimonial），簡報提案說服手法中有理性訴求與感性訴求二大類，而示範演出是屬於理性訴求中，最容易讓聽眾取得信任的手法。採取示範演出必須注意下列二點：

一、挑選聽眾感興趣的題材

　　若問全球銷售量最佳的筆記型電腦是哪部？Apple MacBook Air 應該當之無愧！2008年上市以來，挾著賈伯斯的高人氣而席捲全球，商品熱銷10年，即使在2017年中國京東商城的筆電銷售排行榜上仍高居第一名；在台灣燦坤通路上，MacBook Air的銷售仍占筆電的五成以上，可見賈伯斯的影響力不容小覷。

　　2008年MacBook Air上市時，賈伯斯選擇在美國舊金山莫斯康尼會展中心舉辦發表會。他一上場就說：「這是全世界最薄的筆電！」接著他從一只黃色的信封袋中拿出MacBook Air，用手指撐起了這款僅有1350公克的筆電，頓時全場在驚訝聲中響起了一陣歡呼。無庸置疑的，賈伯斯成功的使用了「示範演出」的手法，這個手法已成為他簡報的經典，往後不少同業爭相模仿他的示範演出手法。

　　示範演出或實證說明，最重要的是示範的過程必須讓對方（聽眾）感到有興趣，也就是我們常說的具有話題性或記憶點！

MacBook Air上市時宣稱有很多劃時代的發明，包括：移除光碟機、取消網路孔、強化觸控版（脫離滑鼠）、全鋁機身時尚感等，可是賈伯斯上場時卻從黃色的信封袋中拿出MacBook Air，從容的用手指托住它。很顯然的，賈伯斯藉由這個示範來吸引現場聽眾的注意，也成功製造了話題。

二、成功示範需要不斷的演練

簡報中的示範演出必須事前不斷的演練，絕非現場信手拈來的表演。賈伯斯的黃色信封袋與手指一定經過充分的練習，筆者也擁有MacBook Air就曾經作過試驗，不是每個普通信封都能裝進去而不會破掉，手指也沒想像中那麼容易能拖住MacBook Air。

筆者過去曾在電視購物台服務，示範演出可說是電視購物頻道最常使用的方法，舉凡健康食品、運動器材、家電產品、國內外旅遊產品等，觀眾最常看到的畫面就是使用前與使用後的比較，再加上消費者使用的見證，可以在短時間內被吸引而說服。示範演出最早出自街頭市場的叫賣，現場聽眾在親眼目睹之下，很快就會產生衝動式的購買慾望。

簡報人在使用示範演出時，最重要的是牢記示範的每一個步驟，循序漸進，若有一個環節沒處理好則會前功盡棄。一位賈伯斯的助理曾透露，賈伯斯2008年新產品的發表會，光是自己的演說練習就重複演練將近一個月，可見成功絕不是偶然的。

圖7-14　賈伯斯在簡報時，從容的用手指托住了MacBook Air

1. 身邊有許多廣告都試圖抓住消費者的目光，想想看有哪些廣告曾吸引你去多看幾眼？仔細觀察這些吸引人的廣告手法，有哪些是類似本堂所介紹的表現手法呢？

2. 簡報中最大的挑戰之一，就是將複雜且抽象的事物用簡單的方法讓聽眾理解，網路上常常出現的懶人包或是資訊圖卡，就是最好的例子，而最常見的手法是用圖表來呈現，簡報軟體中都有這些工具，讀者不妨思考看看，哪些圖表最常被應用到？是否下一次簡報時該如何掌握圖標的功能？

3. 本堂中提到的專家背書或是名人代言的手法，是否讓大家覺得很熟悉？在我們日常接觸的廣告行銷手法中，處處都可以看到這種方式，對消費者而言，為何會接受這種手法？而這種手法是否也存在哪些風險呢？

NOTE

5 WAYS STORYTELLING WILL CHANGE

01 OPTION

企業增加故事長
The Rise of Chief Storytelling Officer

02 OPTION

鼓勵顧客說故事
Encourage consumers tell their stories

03 OPTION

影片為重要工具
Videos Become Even More Important

04 OPTION

虛擬故事將崛起
Virtual Reality Storytelling will Emerge

05 OPTION

新舊故事交互用
New and Different Storytelling Engage

圖8-1　故事行銷的五個重要趨勢

第 **8** 堂

說服力（**CONVINCE**）

壹、
簡報說服模式

　　人的一生中在歷經重要的決定時，不僅要說服自己，也要說服他人。不論是求學階段、進入職場，甚至在婚姻生活中，都免不了要說服他人。例如：在職場上，如何說服同事、上司來支持自己的企劃構想；面臨職業的選擇時，如何說服家人、父母？以獲得他們的支持等。不妨想想看，你上回說服別人是什麼時候？你有用什麼特別的方法去說服別人嗎？

一、跟著希臘哲學家學說服

　　遠在西元前300多年，希臘著名的哲學家亞里斯多德（Aristotle）就提出成功的說服溝通模式——人格（ethos）、情感（pathos）、邏輯（logos）。透過以下一系列問題，就可以了解自己是否具有說服力。

（一）人格（Ethos）——你是一個可信靠的人？

1. 現場的觀眾尊敬你嗎？
2. 現場觀眾認為你具備好性格？
3. 通常來說，你的話具有可信度？
4. 現場觀眾是否相信您是該領域的權威？

　　簡單來說，人格Ethos的好壞，在於觀眾對於你是否值得信靠的程度有多少而定。

（二）情感（Pathos）——你能創造出與觀眾情緒上的連結嗎？

1. 你的話會喚起觀眾的感情嗎？
2. 您的視覺投影片會引起情緒反應嗎？

3. 情感聯繫可以透過演講者以多種方式建立，也許是透過一則故事。

簡報人透過故事、軼事、類比和隱喻的方式，可以將核心訊息與觀眾的情緒反應聯繫起來，而達到預期的效果。

（三）邏輯（Logos）——你的論證中是否合乎邏輯？

1. 你的訊息有意義嗎？

2. 你的訊息是基於事實、數據和證據嗎？

3. 你的號召行動用語會導致你要的預期結果嗎？

越來越多的研究顯示，儘管消費者會因為pathos情緒的反應去購買商品，但其背後是需要logos邏輯思考的支撐。同樣的道理，簡報說服是需要pathos情感與logos邏輯二者的支撐。

圖8-2　希臘哲學家亞里斯多德（Aristotle）就提出成功的說服溝通模式——人格（ethos）、情感（pathos）、邏輯（logos）

二、善用雷諾茲（Reynolds）的說服模式

在前面章節中，本書介紹了許多在簡報或談判中的概念與技術。如果我們能將已知的技能和能力充分使用出來，簡報提案就會更加成功。

本文中，筆者將探討說服工具模式。這個說服模式源自於談判說服的技巧，但我將它應用在簡報與提案的過程，往往能有預期不到的效果！

2003年，安德里亞・雷諾茲（Andrea Reynolds）首次在出版的《情緒智力與談判》（*Emotional Intelligence and Negotiation*）一書中發表了說服工具模型（見下圖8-3）。雷諾茲的說服模式源自於於心理學家Kenneth Berrien的理論，並將談判和說服風格與情商（EI）聯繫起來。

該模型可以幫助讀者，藉由直覺水平和影響力來找到最佳的談判方法。這個模式可以培養簡報人的影響力和說服力，日後在簡報提案中發揮出來。

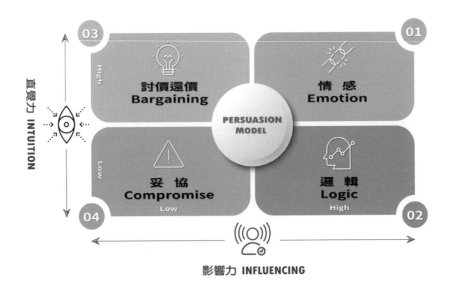

圖8-3 安德里亞・雷諾茲（Andrea Reynolds）於2003年提出的說服模式

資料來源：Reynolds, A.(2003). Emotional Intelligence and Negotiation, Hampshire: Tommo Press.

在上圖中，橫軸表示影響力（Influencing），它是衡量整體說服能力的指標。縱軸表示在簡報或談判時所需的直覺力。讀者可以根據自己的直覺水平和影響力，找出最適合自己的簡報說服方法。這個模式組成的方法是：情感、邏輯、討價還價和妥協。

如果覺得自己的直覺水平較低，但你擅長影響他人，那麼最好的辦法就是在簡報中使用邏輯。但是，如果你的直覺很低而且影響他人的能力很差，那麼最好的方法就是使用妥協。

接下來，一起檢視每個象限，並確定如何使用每種特定說服風格的說明。

（一）情感（Emotion）

在簡報提案中想有效地使用情感訴求，首先必須了解聽眾此刻的情感和感受，以展現你的影響力。所以簡報人需要有高水平的直覺和良好的影響力技能。

假設在提案比稿中，你和強大的競爭對手正在向同一客戶推銷你的服務，但自己無法提供比競爭對手更好的服務或更低的價格。但是，你願意將其部分利潤捐給慈善機構。這時，您的簡報內容可以著重在如何使用該筆交易的收入來幫助您選擇的慈善機構。

你的簡報開場白可以使用說故事的方法，包括你的組織過去如何使慈善機構受益的例子，並強調這項特定的收入將有助於未來慈善機構的發展。很顯然，在正式的提案比稿中使用情緒可能會有風險，而且簡報人必須深入理解你的聽眾才能獲得成功。假設，你的廣告主只關心賺取最大利潤，那麼使用情感訴求可能不會有效。因此，情感訴求的對象必須具有高情商或有著悲天憫人的性格才會有效果。

簡報提案中使用情感訴求必須注意一點，情感的語言要適可而止，太誇張的表演會讓聽眾覺得有脅迫感，這樣反而弄巧成拙。

（二）邏輯（Logic）

　　簡報人使用邏輯訴求時，可以使用事實和數據來表達自己的觀點。如果直覺低，但影響力很強，也可以自信地使用邏輯。例如：內部簡報時，你需要說服公司的執行董事會去收購一家小型分銷公司，而不是將該項業務外包出去。

　　簡報前已經做了大量的研究，並且基於事實和數據的呈現來表達自己的觀點。可以準確地向董事會展示償還投資所需的時間，並使用基於計算機的模型來證明更快的分配將有助於增加長期利潤。

　　當然如前面第6堂訊息力所說的方式，你的數據與統計表格必須簡單、清楚地傳遞訊息，著重於圖表視覺化的設計以收到預期的效益。

（三）討價還價（Bargaining）

　　討價還價是最簡單、最常在簡報提案中備方式使用的說服方式之一。要有效地討價還價，不需要具備強大的影響力技能。但是，簡報人確實需要更高水平的直覺，因為在錯誤的時間使用討價還價的代價高昂，例如在簡報提案中太早承諾事情。

　　假設，你正在聽取一家大型軟體公司的簡報提案，試圖為自己的公司獲得大量軟體較低價格。經理告訴你不要離開現場，直到公司獲得零售價至少20%的折扣。一旦你感覺到銷售代表有機會可以降到20%，你可以用更低的折扣（或許是30%折扣）開始討價還價，通常你會獲得更低的價格。

　　一般消費者都有討價還價的習慣，過去筆者在電視購物台服務時，由於購物專家無法與電視觀眾互動作討價還價的討論，這時會使用大量贈品的方式來吸引觀眾，讓他們覺得像是討價還價的獲利，這種情境的創造也可以達到討價還價的感覺。

（四）妥協（**Compromise**）

妥協被認為是所有簡報說服中最弱的，對於簡報技術較差的人來說，只能採取這樣的方式。

簡報提案中，這是比較不理想的狀況，通常在簡報人感受到現場聽眾不滿意而採取的補救措施，假設今天是企業的銷售簡報提案，客戶可能對產品或價格不滿意，因而對簡報人提出額外的要求，這時如果簡報人要完成銷售提案則必須要有所妥協、讓步，否則簡報就無法完成任務。

雷諾茲（Reynolds）的說服模式當然有其偏限性。例如：無法有效地衡量自己的直覺水平和影響力。簡報人很難知道哪種特定的談判方法最適合自己，往往在簡報提案過程中，你必須將情感、邏輯、討價還價和妥協混合使用。因此，不能僅僅依靠其中一種技巧。

一個成功的簡報人，除了必須善用以上所說的說服模式外，還要吸取廣泛的知識，例如：情緒管控能力（Emotion intelligence）、溝通技巧（Communication skills）、資訊蒐集（Information gathering）及其他的說服力訓練（Powers of persuasion）。

三、推敲可行性說服模式（ELM Model）

推敲可行性說服模式（Elaboration Likelihood Model），簡稱ELM模式。1986年由心理學家理查·派提（Rechard Petty）和約翰·卡喬包（John Cacioppo）提出來。ELM模式原先被用來解釋廣告訴求手法，在本堂課，筆者將它轉化為簡報說服的方法之一，讀者在簡報提案時可以應用它的核心概念。

Petty和Cacioppo指出，說服過程中，透過兩條「路徑」可以完成，包括：中央路徑（Central route）和外圍路徑（Peripheral route）。說服的中央途徑包括：訊息的論點（想法、內容）進行深思熟慮的考慮。當

接收者正在進行中央處理時，他或她是說服過程中的積極參與者。中央處理有兩個先決條件：它只能在接收者具有思考消息及其主題的動機和能力時才會發生。如果聽眾不關心說服性訊息的主題，幾乎肯定缺乏進行中央處理的動機。另一方面，如果聽眾分心或難以理解該消息，他或她將缺乏進行中央處理的能力。

當聽眾決定想要除了訊息論點或想法的強度以外的其他線索時，便產生了說服的外圍途徑。例如：聽眾接受訊息的正確性，因為訊息來源是一位專家。當聽眾注意到的訊息顯得混亂而多元時，他無法判斷或就現有的訊息來決定是否要相信它時，這時外圍路徑就產生了。

（一）中央路徑（Central route）

當人們擁有動機與能力時，會慎思熟慮所有資訊，是一種高思辨（High elaboration）的過程。意思是當聽眾對這項產品或提案有高度興趣時，他會主動思考該提案的優缺點。

（二）邊緣路徑（Peripheral route）

當人們缺乏動機或能力時，則會被主觀印象、共識等邊緣線索說服，屬於低思辨（Low elaboration）。

不同的人在不同情境下，會有不同的思辨程度，也對應著不同的說服策略。2015年管理大師約翰・科特（John P. Kotter）在新書《急迫感》（*A Sense of Urgency*）特別提到一個情境正好可以說明這個狀況。

一家跨國企業進行內部變革的簡報提案，第一位簡報人上台後要求關燈，利用大量投影片，每張充滿資料數字與圖表的投影片，清楚的敘述目前的問題、變革的目標與執行的策略。另一位簡報人上台後卻要求燈光打開，用幾張投影片與簡單的數字來說明他的想法，簡報藉由說故

事來進行，從周圍的家人一直到共同打拼的同事夥伴。

　　從上面的例子看來，第一位是採用中央路徑的訴求方式，簡報人假設現場的聽場會對未來公司的變革感興趣，因而，選擇了邏輯與理性的「中央路徑」訊息溝通模式；第二位簡報人則假設同事對未來的變革可能較無概念與興趣，因而，選擇了用故事方式來簡報，採用情感與關係著重的「邊緣路徑」溝通模式，二者沒有誰對誰錯，就看簡報人如何掌握運用。結果當然第二位結束時不僅獲得熱烈的共鳴掌聲，現場不少同事都掉下眼淚來。

貳、
說故事作簡報

　　人人都喜歡聽故事，故事是人類經驗本質的傳遞。從小我們聽床邊故事，長大後聽勵志故事，故事不僅激勵人類的行為，故事更用來證明人類行為的價值。

　　故事提供人們事物的脈絡（Context），而透過脈絡的幫助，有助於人們了解事物。因此，故事中的脈絡扮演很重要的角色。

　　一提到說故事，許多人不免想到是童話般神仙眷侶的故事，似乎與現實太遙遠。事實上，我們每天都在說故事。我們如何看待過去、如何描述未來？這些都是由故事組成。

　　在傳播媒體上，廠商如何傳達訊息，描述產品或服務，而這些也是故事。一個音調，一個演示，一個請求等，都是故事組成的元素。事實上，故事是任何企業的重要組成部分。它們是您可以用來吸引受眾群體的最強大工具之一。

　　故事不僅僅是簡單地傳遞事實和數據。故事使訊息情緒化，它們為其他平淡無奇的材料賦予顏色和深度。行銷商透過故事將商品、企業與消費者緊密的連接起來，形成一個共同的命運體。近年來這個趨勢正悄悄的改變整個行銷傳播產業，美國一家行銷顧問公司馬克‧埃文斯（Mark Evans Consulting）表示，未來故事行銷將有五個重要的趨勢：

一、企業增設故事長的職位

　　過去CMO（Chief Marketing Officer）的職位在企業誕生後，主掌公司的品牌行銷與管理；近年來CSO（Chief Storytelling Officer）的職位開始在各企業間醞釀而生，確保公司的故事能正確的與行銷規劃合為一體。

二、品牌鼓勵消費者說自己的故事

故事的力量是強大的，當消費者說出自身的感受，特別具有公信力與可靠度，因為他反應出真實社會的情境。

三、影片將成為最重要的工具

隨著網際網路與行動通訊時代的興起，視覺敘事比文字更凸顯其重要性，消費者希望立即性的獲取訊息，而影片對大、小品牌而言，更能獲取直接的點閱率。

四、虛擬世界的故事將崛起

品牌經營者希望傳遞新形態的故事，於是虛擬世界與真實世界的故事被交叉混合使用，消費者透過故事內容對品牌進一步認識。

五、新舊故事形態將交互使用

過去品牌著重30秒的短廣告，未來長時間的影片、動畫、圖卡、漫畫等，都會被用來作為說故事的手法。

參、
故事怎麼說才吸引人？

一、解構故事脈絡（Context）

　　一則故事若我們從敘事的角度來拆解，不難發現故事組成的元素主要包括：3W（Who、When、Where），加上轉換（Transform）與心情（Mood）。當我們在處理故事時，不論是電影戲劇情節，或是簡報的說故事，都必須清楚的交代這幾個基本元素，這樣才會達到預期的故事效果。

　　故事脈絡首先要處理的是：3W（Who、When、Where），Who就是故事中的角色，角色的種族、年紀、外表、個性等，角色通常不只一位，但都必須要清楚的描述，因為角色是故事發展的靈魂所在。如果是影片選角色就很重要，因為只要演員一出現，大概就能清楚的了解角色的特性，但如果是以口述的方式來傳達，就必須先清楚地將角色說明白，這樣聽眾才能很快進入狀況並跟著故事的節奏，一般來說，一個有經驗的說故事專家會使用比喻的方式讓聽眾立即領悟，例如：

　　　　前面出現了一位彪形大漢，面目猙獰，身長超過六呎，全
　　身肌肉發達，彷彿電影中的「綠巨人浩克」出現。

　　於是，當聽眾聽見「綠巨人浩克」，他具體的形象立刻與故事中的角色產生連結，聽眾也會有著共同的記憶經驗。這種比喻式的手法是傳播敘事最常用的表達方式。

　　有了角色，接著就是故事發生的時間（When），時間一交代清楚，聽眾便有了共同的歷史記憶，特別時提起重要的年代背景，例如：話說

明朝末年崇禎皇帝時期，或是台灣在日據時期等，一有這了這些時空的背景，就帶領聽眾進入了共同印象，這樣故事便方便說下去了。

有了時間（When），自然就有地點（Where），故事是在什麼地方發生的？有了地點之後，故事的情境便可塑造出來。許多電影在故事腳本確定後，其中最費時的就是搭景，爲了呈現故事發生的地點，電影《賽德克‧巴萊》就花了上億元打造拍攝場景，爲了就是要呈現19世紀末日據時代台灣原住民的生活環境，由此可見，地點在故事敘事的重要性。

談過3W（Who、When、Where）之後，緊接著就是故事如何展開。由於故事的種類繁多，不論是磅礴愛國史詩故事或是小人物力爭上游的勵志故事，都會吸引並激勵人們，同時故事也證明人類存在的價值。這當中轉換（Transform）就是將故事加上血肉，讓故事與品牌或產品連結，成爲故事行銷！這當中常用的催化劑，包括：愛情（或是由愛生恨）、親情（與上一代或下一代的糾葛）及友情（朋友或死黨間的祕密）等，這些都是常用的題材。以廣告常用的敘事題材來說，愛情的故事經常與許多產品連結，只要是行銷對象是年輕人，愛情故事就經常吸引他們的注意，例如：咖啡、包裝飲料、零食，甚至是高級珠寶與時尚品牌都可看到以愛情作題材的廣告敘事；親情則常用在健康產品或醫療保健的用品上；至於友情則更廣，像是餐廳、食品、交通工具，甚至是酒精飲料等，都喜歡以友情來作爲故事行銷的題材。

二、簡報中使用故事的時機

很多人都有一個疑問，既然說故事是一個好方法並且可以拉近聽眾與演說者的距離，那究竟什麼時候來說故事最有效？還有，哪一類型的故事最吸引人？如同前面的課堂提到的，說故事最好的時機是開場白和作結論的時候，當然，簡報中在舉例的時候，如同我們先前課程提到的

「說理論點」的六大模式中，故事也是很棒的方法。

問題是什麼樣的故事會吸引人呢？在此，筆者推薦幾種故事型態，好好學習，相信人人都是說故事的高手。

（一）說自己的故事

說自己的故事最容易注入情感，聽眾很快就會受到感染而激發效果。舉例來說，2020年美國總統大選，民主黨推出的副手候選人是女性且擁有亞非裔血統的賀錦麗（Kamala Harris），她接受提名時，有不少選民並不認識她，當時她只是一位加州地區選出來的參議員，她在提名演說時，首先就說出自己的故事，父親是牙買加黑人，母親是印度人，父母在她5歲時離異，從小由母親扶養長大，母親不僅是一位癌症研究者，同時也是一位積極的民權分子。從小就受印度的風俗習慣影響，再加上她所居住的加州奧克蘭市是黑人社區，因此，讓她融入在黑人的環境中成長，也會特別感受到有色人種受歧視的種種不平等現象。

她的故事在說出口後，立刻吸引美國民眾的注意，特別是勝選演說時提到，她是「第一位女性且是有色人種的副總統，但絕對不是最後一位」。這段話立刻吸引所有觀眾的目光，並報以熱烈的掌聲。以筆者的個人經驗，通常簡報一開始，我會用自己的故事來拉近與現場聽眾的距離，一旦聽眾被故事吸引，他們就會專注的聽你的內容。

（二）用英雄人物的故事

「英雄人物」指的是知名人士，可能是政治家、企業領袖、運動員，甚而是各行各業的佼佼者，用他們奮鬥的歷程來激勵人心是很好的方法。已故的美國NBA職籃球星——Kobe Bryant，被公認為史上最偉大的球員之一，他曾獲邀來台訪問並指導台灣青少年籃球運動，Kobe一抵台，在其下榻的旅館就詢問附近的球場在哪邊。沒想到隔天清晨4點

就出現在球場練球了，當時還一度造成隨行保安人員的緊張，還以爲是Kobe在找麻煩，最後才得知Kobe多年來維持這個習慣未曾改變，即使是NBA的天王巨星，仍然維持著每天練球的習慣。他曾表示，在NBA中，球員的天賦、才能是相差不多的，想要超越他人，唯有勤加練習，每天比人家多練一個小時，日子久了就會比別人好。所以，多年來他一直維持只睡5小時，清晨4點就起來練球的習慣。這個故事不只對運動員來說是相當勵志的，同時也可以應用在其他的專業領域上。

（三）使用顧客的故事

這個手法特別適用於產品的行銷推廣，由消費者說出他們自己的故事，更能吸引其他顧客的共鳴。這個手法類似消費者證言手法，差別是故事能進一步將時空背景、情境及發生的細節作完整鋪陳，而不是單純的推薦產品而已。

多年前，統一超商的企劃部門在網路中看到一篇文章，這篇文章描述父子間的互動，文章中的父親因爲工作忙碌，經常無法陪伴小孩，而小孩喜歡喝統一超商的思樂冰，父親明知思樂冰有色素對孩童不好，可是爲了獲取孩子的心，總是帶孩子去購買，父親在享受親子天倫之樂時，內心卻是坎坷不安的。這篇文章讓統一超商企劃部門看到後，便開始研發不帶色素的水果口味思樂冰，於是新商品推出後，這個源自消費者的故事情節，變成了商品最佳的宣傳故事。

"Facts tell but stories sell"

在行銷圈內流行過這麼一句話，想要人掏錢買單就必須說一個動人的故事。光憑產品訊息或生硬的統計數字是很難打動消費者的，必須得有一個故事才行，顧客通常記不住產品的特點，但他們卻記得住與產品相關的故事。從現在起，想要做一個成功的簡報人，必須做好以下幾件事，這樣隨時都可以上場說出好故事，並且成為一位受歡迎的演說家：

第一、回憶自己過去的經驗
第二、編輯自己的故事
第三、將這些故事收錄好，隨時可用
第四、隨時有兩、三套自己的故事可上場使用

▶ **問題思考與討論**

1. 對簡報初學者而言，談判成功與否往往無法掌握，當然臨場的隨機應變很重要，想想自己過去失敗的簡報經驗，問題出在哪裡？如何能避免犯同樣的錯誤？

2. 視頻或短影片的製作與受歡迎的程度，在社群媒體上已取代傳統的圖文，由於視頻的製作越來越容易，想想看，下次再作簡報提案時，可否用視頻來輔助？

3. 人人都愛聽故事，但卻不是每個人都能講好故事，本堂中筆者介紹說故事的脈絡與環節，簡報中好的故事可以用來開場，也可以用來結尾，試著下次簡報時採用說故事的技巧，將會有意想不到的效果。

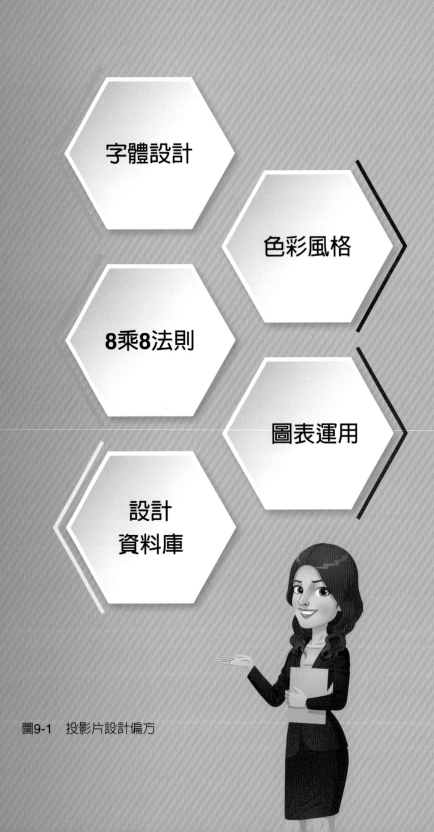

圖9-1　投影片設計偏方

第 9 堂

輕鬆設計簡報投影片

壹、
如何讓投影片更亮眼

第5堂中介紹了幾種常見的投影片風格，相信讀者們一定有自己喜好的風格，此外，在動手設計前還得要思考一下，最新的設計流行趨勢是什麼？你我都討厭一成不變的PPT投影片設計，不少人懶得花腦筋或是有一些初學者就直接使用軟體現成的設計模版（Template），要不然就在圖庫網站中搜尋並看得不知所措。其實這樣做並沒有什麼不對，只是筆者常在各種會議上看過，當有多位簡報人輪番上陣時，假設你用軟體的模版，相較之下，就會覺得自己的投影片很沒有創意，再好的簡報內容，都會因投影片「掉漆」而讓你的演講黯然失色，甚而影響對未來簡報的信心。

一個好的簡報人在構思好簡報大綱與內容後，一定得思考投影片要如何設計才可以吸睛。現在的觀眾已經習慣了視覺的美感，因此，簡報人上台一定不能辜負台下觀眾的期待。筆者綜合2020年最新的平面設計趨勢，告訴讀者如何用簡易的方式跟著設計風潮走。想要讓投影片看起來更有質感，關鍵都在細節。根據美國平面設計師協會（AIGA）對未來設計趨勢觀察，筆者歸納幾點作為投影片設計的參考：

一、字體設計趨勢

首先第一個要介紹的是字體的選擇，過往的經驗中，見過太多簡報人的字體不會使用，不少人會整個簡報過程中的投影片只有一種字體，最常見的就是標楷體或新細明體。看到這種字體的投影片，聽眾大概只有「崩潰」二字可形容。至於英文字體則是跟著中文一起刷同樣的字體，版面字體形成突兀的現象。

在國外很多設計師會建議簡報時儘量使用無襯線的字體（Sans-Serif），例如：Helvetica、Tahoma、Calibri等字體，原因是這些字體投在螢幕上會比較好辨識與閱讀，中文字體可以選擇：黑體字或圓黑體。儘管傳統上，我們習慣襯線字體，例如：標楷體、明體字或仿宋體，英文則是：Times New Roman、Garamond、Bookman。由於襯線字體適合印刷品打印頁面，許多簡報人若不留意便會將襯線字體也用在投影上面。

嘗試使用一種字體，或最多選擇兩種。 字體具有非常不同的個性和情感，因此，要確保字體與演示文稿的基調，目的和內容相匹配。這次美國平面設計師協會（AIGA）推薦的字體中，並非全都適用於簡報投影片設計，作者挑選容易上手的字體，搭配掃描的QRcode，讀者可以立即安裝使用。

（一）文清風格的Taipei Sans黑體

Taipei Sans是台灣設計師所設計並免費授權使用的字體，它改良傳統黑體較為繁複的筆畫，適合數位平台上的呈現，Taipei Sans雖然目前只是Beta版，但作者使用後還算穩定，可以同時在中、英文呈現時使用。

如果單獨將英文跳脫出來時，Lydian字體也很有文青風格，Lydian字體其實在30年代已經出現在書籍的設計上了，沒想到現今復古風又起，過去在印刷上常見的字體又重新被設計師喜愛，成了流行的字體了，特別是放在數位介面上，沒想到視覺的效果非常好。

Lydian 標準字

ABCDEFGHIJKLM
NOPQRSTUVWXYZ
abcdefghijklm
nopqrstuvwxyz
1234567890

圖9-2　Taipei Sans字體的應用例子

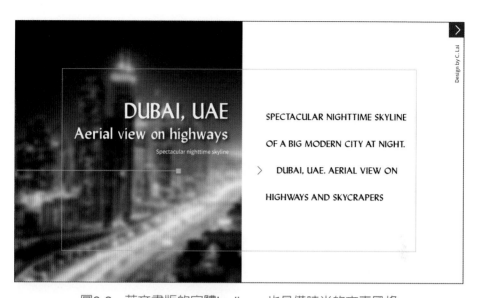

圖9-3　英文書版的字體Lydian，也具備時尚的文青風格

字體下載：https://www.1001freefonts.com/lydian.font

（二）懷舊復古字體

許多設計工作者發現，近來越來越多人開始喜歡懷舊復古的字形，不論是以前大師級的手寫字體，或是鉛字排版的印刷字體都讓現代人很有感覺。

在英文字體中，幾種免費字體，如：Parker、Bauru及Ailerons，都會讓PPT投影片有不一樣的感覺，所以不要只會使用Times New Roman或是Helvetica字體，不妨試試其他的字體。

圖9-4　復古字體要謹慎使用，本圖使用的是鉛字印刷的字體效果

在英文的復古字型上，Parker、Bauru、Ailerson等字型都有開放個人使用，但商業用途則須購買，字型下載的網址如下：

Parker：https://www.behance.net/gallery/18632037/Parker-（Free-Font）

Bauru：http://www.pierpaolo.tv/bauru/

Ailerons：https://www.behance.net/gallery/25541553/Ailerons-Typeface

Ailerons 字體

ABCDEFGHIJKLM
NOPQRSTUVWXYZ
ABCDEFGHIJKLM
NOPQRSTUVWXYZ
1234567890

（三）自由手寫風格

　　中文書法或手寫字的風格有其獨特的美感，許多電影海報設計很喜歡使用，如果厭倦那種有稜有角、機械式造型的字體，可以採用這種手寫風格，近年網路人氣圖文設計家喜歡使用手繪POP字體便是最好的例子。

　　不僅中文字體如此，根據Shutterstock圖庫公司的設計研判，2020年以來，這種老式浪漫的洛可可（Vintage Romantic Rococo）豐正悄悄的流行。這種寬鬆、帶點女性特質的風格，有點有機（Organic）、溫暖的味道，正逐漸改變傳統的設計品位，下面幾種字體是可以自由下載的：

圖9-5　手寫的字體感覺非常有個性，與一般工整的電腦字型有很大的
　　　　差異，非常適合使用在標題的表現上，本圖的標題使用Debby
　　　　字型

1. **Debby**：https://www.behance.net/gallery/30300095/Debby-（Free-Font）

2. **Indulge**：https://www.behance.net/gallery/51634183/Indulge-Script-Font

3. **Balqis**：https://www.behance.net/gallery/31166225/Balqis-Free-Font

（四）高對比的襯線字體

最後要推薦的是流行於20世紀的80年代電子遊戲或電影原聲帶的風格，受了科幻電影與星際大戰系列的影響，這種流行在上世紀的美學，講究大膽的霓虹光線色彩，時髦抽象的線條，如今在很多廣告物、印刷封面又開始被新一代的設計家所使用，下次在PPT的封面或內文標題不妨使用看看，同樣的英文字體Paralines及Graphique也都可以免費下載。

圖9-6　本圖英文標題使用高對比的襯線字體Paralines；圖9-7
　　　　的中文為手寫字型

圖9-7　高對比的襯線字型也適合標題表現，筆者推薦
　　　　Paralines及Graphique Pro，二種字型可應用在簡報設
　　　　計上

Paralines 標準體

ABCDEFGHIJKLM
NOPQRSTUVWXYZ
ABCDEFGHIJKLM
NOPQRSTUVWXYZ
1234567890

Graphique Pro Next Comp

ABCDEFGHIJKLM
NOPQRSTUVWXYZ
ABCDEFGHIJKLM
NOPQRSTUVWXYZ
1234567890

1. **Paralines**：https://www.behance.net/gallery/28060847/Paralines-Free-Font

2. **Graphique Pro**：https://www.myfonts.com/fonts/profonts/graphique-pro-next/comp/

二、酷炫色彩風格

　　如果簡報人覺得更換字體有些麻煩，或是沒有把握字體的效果，那麼或許可以嘗試使用炫麗時尚的圖形設計與配色計畫，如此，還是能讓你的簡報投影片設計與眾不同，參考AIGA設計師協會與Shutterstock公司的配色建議。

（一）外星綠（UFO Green）

　　這種大膽、明亮，又帶點超自然的綠色，巧妙地可以讓聽眾眼睛一亮，儘管過去的設計師對這種顏色幾乎視為是「禁地」，不敢觸碰它，但你可以巧妙地將其放在背景，也可以作為封面或是分隔線段，搭配其他的色版，可以產生絢麗的漸層組合。

圖9-8　筆者介紹這幾種色彩適合用在螢幕投放，效果才能顯示出來，印刷是色料（CMYK）呈現，因此，在色彩鮮豔與飽和度上較為暗沉

（二）塑膠粉紅（**Plastic Pink**）

如前面介紹，霓紅色彩也是2020年以後的流行風，記得2000年時曾流行過「千禧粉紅」（Millennial pink），只是這次不同於千禧粉紅而是「塑膠粉紅」（Plastic pink），簡報人不妨大膽使用一下。

圖9-9　塑膠粉紅有濃濃的時尚感，對於Z世代具有相當的吸引力

（三）質子紫（**Proton purple**）

　　看到這個紫是否很容易聯想到手機的廣告？沒錯！這種紫會讓人感受到電磁波，特別是當手機震動時，質子紫令人有未來感的視覺效果，也會令聽眾有強調記憶的印象。

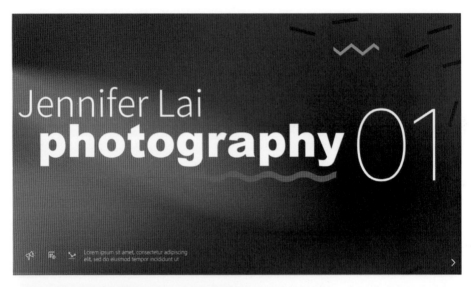

圖9-10　質子紫具有未來感，對於科技產業相當適合

（四）使用Adobe Color CC色盤

對一個專業的簡報人而言，簡報投影片設計當然不能一成不變，這時必須要有很好的工具，作者推薦一個設計師常用的配色工具——Adobe Color CC，除了線上工具外，也有手機板的Adobe Color CC App可供選擇。這個工具除了建議最新的色彩搭配外，也提供很多配色的組合，特別是設計者可經由自己喜好的照片主題，建立個人的色彩風格。

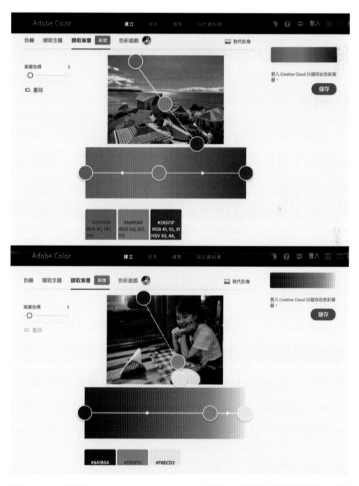

圖9-11　利用Adobe Color CC小工具，可以針對簡報人圖片的色相模式，挑選到適合的配色

貳、
投影片設計小偏方

一、投影片不是講稿

投影片不是講稿，許多初學者怕會忘記重點，常會將所有的內容打在投影片上，這是錯誤的！投影片上只能放大綱，而且大綱要儘量精簡，精簡到只需一句話就好，聽眾所必須知道的事物要藉由演說者來表達重點，而非將所有重點都放到簡報的投影片上。

二、一張一概念

不要為了節省頁面，囫圇吞棗地將一堆資訊塞在同一張投影片上。呼應前面的概念，投影片設計要簡潔有力，文字優先，插圖其次。隨時注意投影片內容簡潔的重要性，避免過量的訊息，如果聽眾在5秒鐘之內不能領會投影片所要傳達的訊息，則他們會繼續閱讀螢幕而忽略演說內容。

三、關鍵字或片語

（一）投影片上的文字只放關鍵字與片語，先擬出大綱與各個要點，只把必要的文字放在投影片上。

（二）標題開頭最好是使用名詞與動詞，儘量不用形容詞當標題，道理很簡單，投影片上的文字都是具體且肯定的用詞，這樣聽眾能立即判斷或行動，避免模稜兩可的詞句。刪除不必要的贅字，如：「當」、「那個」、「但是」等。

（三）切勿使用具強化效果的副詞，如：「真的」、「非常」等。這樣看起來很不專業。

圖9-12：簡報投影片可說是簡化的便籤卡，可以捕捉並加強主要思想，而不是
　　　　完整內容。作為簡報人，應該提供大部分的內容和訊息，而不是將想
　　　　要說的話都放到投影片上讓聽眾閱讀（聽眾有可能會忽略）。如果聽
　　　　眾開始閱讀投影片，這樣簡報就失去效力了。

　　除非引述名人重要的話，否則應儘量避免使用完整的句子。

四、掌握8乘8法則

　　儘量只表達標題，才能確保字體夠大，可以讓所有的人都看清楚。這個法則用於過去4:3比例的螢幕，現今16:9的寬頻雖然一排的文字可以多一些，但仍然要保持精簡的原則。錯誤簡報主要的缺點是，在一張投影片上塞滿了太多的細節和想法，這使人們很難保留訊息。在投影片上保留大量「空白」可幫助聽眾專注簡報的關鍵點。

　　嘗試使用8×8規則來保持內容簡潔明瞭。8×8規則意味著每個幻燈片最多8個要點（Bullet point），每個要點8個字左右。儘量避免句子最後一個字跑到下一行時，這會讓版面看起來很雜亂，因此，儘量控制在一行。

五、字體大小

（一）標題字體的級數於38至48點數之間。

（二）內文字體於24至32點數之間。

（三）在每一個要點底下，最多只有兩層次的排列。

（四）若有使用特殊的字體，除了自帶筆電外，就必須連同字型一起準備好，因為會場電腦不一定支援各種字型，或是存成pdf格式也是一種選擇，只不過動畫效果便無法呈現。

　　從下圖中不難發現，小於30point的字體就比較難閱讀，許多簡報專家都建議字體大小至少應為30pt。由於投影片空間有限，它不僅確保文本可讀性強，而且還迫使簡報人僅呈現最重要的訊息並有效地進行解釋。

圖9-13　從上面的螢幕截圖可以清楚發現，30級以下的字閱讀起來比較困難。
　　　　若沒把握，最好的方式是簡報前在現場投放看看，就可知道字體大小
　　　　是否清晰

六、圖表使用

（一）圖表比文字更有利於資料的比較。建議不要使用3D圖表，3D圖
　　　　表是歪斜的，反而不容易看出正確的數值。

（二）儘量不要將多張表格放在一張投影片中。

（三）不同的圖表適合不同的場合與議題。

七、投影片張數

（一）原則上每分鐘為一到二張。

（二）根據簡報的時間、聽眾的背景及程度，最後再根據自己演說風格
　　　　決定使用多少張。

參、
圖片設計與處理

一、圖片選擇的準則

　　大部分簡報人都會使用圖片來做視覺呈現，但如何選擇好的圖像呢？筆者的建議有三種：1.主題相關的；2.具有真實性；3.激勵人心的。你或許會感到有些含糊不清，進一步來說，選擇圖像要考慮圖像中的符號及其講述的故事。思考一下圖像的顏色和構圖，以及簡報人如何藉由圖片來進行演繹。透過這種方法，您可以在尋找相關真實和鼓舞人心的圖像時發揮創意。

　　選擇優質圖像的準則有以下幾個重點：

（一）明確性，不是通用的

　　假如你要找一張團隊合作的照片，很自然會去找在會議室開會的照片，但是這些照片看似有關，其實若無法與聽眾產生情感聯結則是沒用的。你可以找自己實際團隊的照片，或是聽眾認識且有聯結的照片，找到具備真實且有人性的圖像，這些圖像可以輕易吸引聽眾的目光。

（二）支持性，不能分散注意力

　　儘管手機裡或網路圖庫有無限的選擇，但簡報中有意義的內容是有限的。圖片對演說人而言雖是加分的，但也可能會讓聽眾感到困惑而迷失重點。

（三）啟發性，號召聽眾參與

　　很多人以為簡報只是將訊息說出去就好，實際上，出色的簡報是鼓舞人心的。因此，好的圖像可以幫助簡報人啟發聽眾。通常這些照片獲

取不易，當你有看到令人感動的照片時，隨時存下來，或許有一天會用得到。即使在會議報告結束後，不妨來個可愛小孩或寵物臉龐的表情，特別是聽眾被你塞滿數據之後，這會讓聽眾有一種溫暖的感覺，不要忘了隨時給聽眾驚喜。

二、編輯簡報圖像

（一）降低影像解析度。一般來說，螢幕的解析度是150ppi（Pixels per inch），因此，圖片維持在150ppi即可。如果在高畫質HD液晶螢幕播放，圖片的解析度可以稍微提高到220-330ppi，但切勿提高太多，浪費記憶空間。

（二）在不影響品質之下壓縮，同時捨棄不必要的資訊，如影像裁剪的部分。

圖9-14　在PowerPoint「格式」的選單下點選壓縮圖片，可以選擇圖片適當的解析度

三、圖片格式

由於簡報軟體相當多元，因此，製作簡報人需注意軟體可以支援的影像格式。一般而言，常見的.jpg、.gif、.png或.tif都可以支援簡報軟體。

四、圖表製作

圖表是指圖形與文字一起呈現的方式，藉由圖表的表現可以讓複雜的概念或事情簡化，並快速讓人了解，因此，非常適合簡報過程中使用。在常見的簡報軟體中，不論是PowerPoint或Mac版本的Keynote都有簡易的圖表模版讓簡報人使用，請參閱圖9-15、9-16之說明。

使用圖表就是將複雜的概念透過圖形的方式來簡化，讓人在短時間內了解它代表的意思。另外，針對一項複雜的流程，使用圖表也可以清楚詮釋，這些都有助於簡報的說明，如前一章所言，這是偏向理性訴求，讓聽眾聽得懂簡報人在說些什麼。

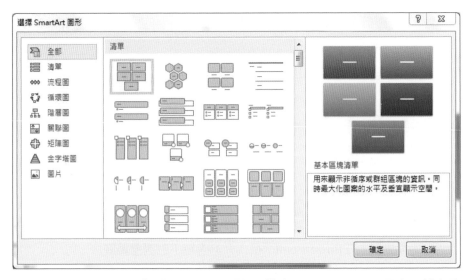

圖9-15　在PowerPoint軟體中的選單，點選「插入」→Smart Art圖表，就有許多流程圖、階層圖、關聯圖等，各式圖表供使用者選擇

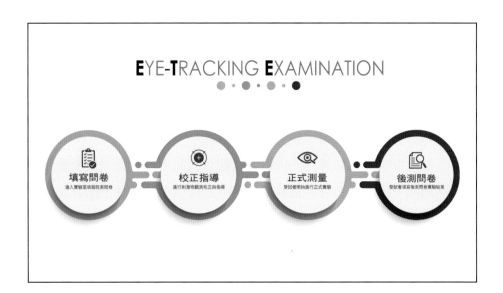

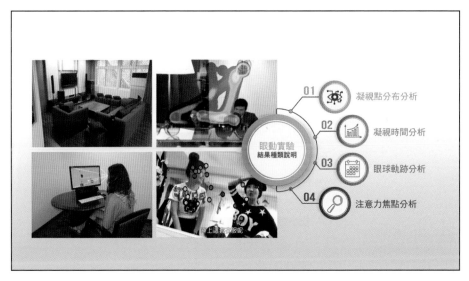

圖9-16　以PowerPoint軟體製作的案例。透過圖表的說明可以讓人理解複雜的
　　　　實驗流程並具體羅列出未來的實驗結果有哪幾項

肆、
設計資料庫

許多簡報人在製作投影片時，總想配上一些有趣的圖片以吸引聽眾的注意力，不少人直接會用Google來搜尋圖片。但問題來了，找到的圖片不是解析度不夠就是圖片的版權有問題，因此，筆者提供幾個重要的設計資料庫，供讀者參考，這些圖庫有些是提供免費下載，部分需要訂閱購買，但圖片的品質效果較好。

一、Freepik（https://www.freepik.com/home）

Freepik大概是設計人最常用的設計資源網站，裡面絕大多數的圖片都可免費授權使用，圖片種類相當多元，從影像圖片、向量插畫、Icon，甚至是型錄、投影片等設計模版都有，對初學者而言相當夠用。

二、Pixabay（https://pixabay.com/）

Pixabay圖庫的優點在於免費下載的高解析度的影像資料相當多，此外，它也提供中文簡體版的介面，適合華人使用。

三、Unsplash（https://unsplash.com/）

Unsplash主要以歐美影像風格的照片為主，筆者個人還蠻喜歡這個影像資料庫，裡面的照片接近攝影師的作品，有濃厚的藝術風格。

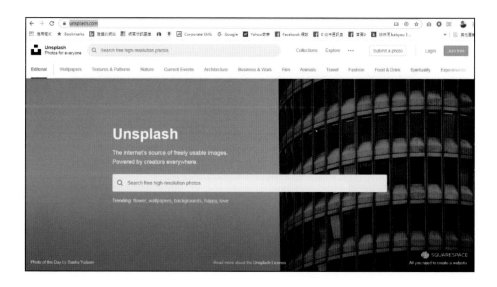

四、Pakutas（https://www.pakutaso.com/）

　　Pakutas是日本的素材網站，雖然是日文的介面，但透過瀏覽器的翻譯功能應該很快可以上手，裡面的人物與風景照片效果都不錯，特別是要尋找東方臉孔的人物照片，可以從這裡搜尋，網站提供許多免費下載的圖片。

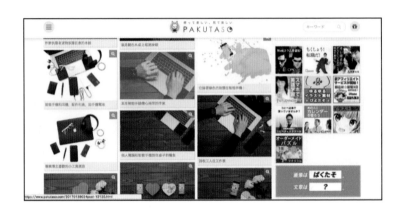

五、Flaticon（https://www.flaticon.com/）

　　這是專門提供向量資訊圖像Icon的網站，如果想要簡報投影片有資訊圖像風格，這個網站可以提供很多資源。

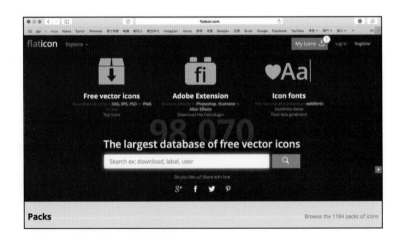

六、NounProject（https://thenounproject.com/）

NounProject網站提供超過二百萬個免費下載的Icon，可供設計者在不同的軟體格式下編輯，許多不常見且特殊的主題，都可以在此找到需要的Icon。

▶ 問題思考與討論

1. 很多簡報初學者一開始都不會注意到投影片設計的問題，或是認爲那是視覺設計的工作，就連簡報字體的選擇，不是標楷體就是新細明體。在閱讀過本堂文後，是否想要嘗試改變個人投影片的風格，相信只要開始動手做就一定有效果，讀者可以試著從色彩或是字體開始改變，甚至可以從專業設計網站提供的模版開始套用。

2. 從教育心理學的理論來看，人的學習過程中有超過70%是倚靠視覺而來，因此，視覺佳的投影片不僅幫助觀眾吸收，講者說明起來也有信心。當你下次出席產品發表會或研討會議時，試著觀察看看觀眾的表情，投影片視覺設計的好壞是否會影響觀眾專注的意願與心情？

NOTE

圖10-1　成功的肢體語言

第10堂

完美演出

壹、
成功簡報攻略

一、練習再練習

簡報時會緊張，大部分的原因是準備不充足，特別是事前沒有充分的練習。簡報主要靠口頭說明，投影片永遠只是輔助的角色，一定要留足夠的時間練習，這樣簡報時才不會慌張。

美國蘋果電腦公司的前執行長賈伯斯（Steve Jobs）的簡報功力常讓人津津樂道，一般人作簡報時只有簡單地傳遞訊息，賈伯斯的簡報卻能鼓動聽眾的情緒。以2008年MacBook Air超薄筆電上市為例，令人印象深刻的是，他從一個信封袋中拿出MacBook Air，然後用手指托著它，這個看似簡單的動作，筆者曾試跟著一起做，結果並不容易，可見賈伯斯一定反覆的練習過。

一位曾經跟賈伯斯同事過的員工表示，賈伯斯相當重視簡報前的練習，以2008年MacBook Air上市的簡報，他至少花了一個月的練習，他儘量將所有的數據視覺化，用最簡單的方式來呈現，即使是每一個台步、位置，他都不斷的反覆加以練習。這位員工說，從沒有看過任何一位主管像他這麼努力練習的。當我們看到賈伯斯精彩、成功的產品發表簡報時，其實他背後所付出的努力練習是相當可觀的。

二、確認場地設施並做測試

重要的簡報，事前一定要先去了解場地、設備，特別是陌生的場所。簡報時會緊張，有一部分原因是對場地無法掌握，辛苦準備的簡報不要因為場地的因素而影響到全局。以下幾個要點是勘察場地時要注意的地方：

（一）場地大小與設備

場地的大小會影響PPT設計的方法，假設是一般教室的大小，這時可以按照常用的PPT版面設計概念去完成，但如果場地是舞台的方式，像大家熟悉的TED Talk模式，這時PPT設計的概念，就要像戶外看板的廣告設計一樣，只使用大圖像與大標題。

很多人沒有事先確定簡報提案的場地，等到發現場地不如預期時，這時不僅影響簡報的節奏，甚至發生可怕的後果。想像原本適合教室閱讀的投影資料，一旦放在舞台投放出來，觀眾根本無法閱讀，這時整個簡報效果就大打折扣了。

（二）燈光

大部分的簡報過程都無須注意燈光的問題，頂多只留意投影機螢幕是否要關燈才看清楚。但如果是在舞台情況就不一樣了，一方面要注意投影的明暗效果，另一方面又要注意舞台探照燈的強弱，當燈光投在身上時，會不會讓你覺得刺眼，以至於無法看到台下的觀眾？因此，一旦知道在舞台上簡報提案，事先的準備工作就很多了，這也就是賈伯斯必需要做一個月以上的排練，力求每一個細節都完美無缺。

（三）投影設備

由於投影機各廠牌與機型出廠的年份差異頗大，簡報人要注意的是，投影機燈泡的流明數、投放出來的解析度及比例。由於現在製作PPT的版面比例，已經從過去的4:3，改變為16:9，成為長方形的比例，但有些較老舊的投影機的設定還維持在4:3，這時就要去修改。在廣告傳播實務界，有經驗的團隊常會自備投影與播放設備，以確定在提案過程中，不會因為投影設備影響簡報進行。

（四）音響設備

　　由於現在簡報進行的方式，大都透過電腦與投影機來進行，聲音的播放也都是透過電腦來處理，因此，必須要有外接的擴大機與喇叭，如果你的簡報提案，聲音是很重要的資料，特別是廣告或影片製作的提案，這時不僅要提早測試現場的設備是否相容外，最保險的方式就是準備一套簡易的播放設備，萬一現場的設備無法正常運作，還可以隨時上場頂替。

三、牢記KISS原則──Keep It Short and Simple

（一）半小時之內不要講述3個以上的重點。

（二）大多數成年人的注意力集中時段在25至40分鐘之間，因此資訊量要適當。

　　以Ted Talk演講為例，大部分都會控制在18分鐘左右，就是希望演講者在簡短的時間內將精華傳遞出去，因為太長，觀眾就很容易轉移注意力。

貳、
正確的肢體語言

簡報的過程中，肢體語言的傳遞也同樣重要。人在緊張時總會有一些特殊的肢體習慣流露出來，例如：眼睛直視地板或天花板、手或身體會搖晃、不斷地比手畫足或說話結巴，因此，可以找有經驗的人給你意見，也可以透過錄影觀看作自我修正。簡報過程中，如何透過肢體語言來傳遞訊息？不妨試試以下幾種方法：

一、走向觀眾

緩步走向觀眾，拉近與觀眾的距離，讓觀眾產生信任。

二、使用手勢

手勢的大小應和場所的空間大小成正比。手勢要在發言之先，才能引發觀眾對演說者發言的興趣。手勢的使用讓平淡的文字有了生動的活力，但手勢不宜過多，而讓觀眾忽略了重點。

三、控制音量

不要用平淡的語調，應該變化音調、速度和音量。筆者經常教導學生，演說就像是演唱一首歌曲一樣，聲音必須有高低起伏，才能緊扣觀眾的注意。甚至演說時要學習腹部發音，讓節奏有快、慢的效果，特別是觀眾很多時，更要注意說話速度不能太快，必要時要停頓，讓觀眾可以消化內容。

四、搭配外表

　　一般情況來說，簡報要求穿著正式服裝，但要視簡報場地大小、燈光的氣氛來定。此外，背景的顏色也會影響服裝的搭配，特別是女性演講者，有時也必須考量臉部妝容的濃淡，別因爲燈光而影響臉部的表情與化妝後的膚色，謹記一點，觀眾是來聽你的簡報而不是看你的穿著，通常深色的西裝或套裝是比較安全的。

　　近年來受到賈伯斯演說風格的影響，爲了營造輕鬆的氛圍，演說者開始只穿著牛仔褲，搭配深色的T恤或襯衫。但不管是哪種簡報場合，簡報人必須營造專業、自信的個人風格出來。

五、接觸眼神

　　常言道：「眼睛是靈魂之窗」，眼神與目光接觸（Eye contact）是最重要的非語言技巧之一。建議演講者在簡報時，先與熟悉的人目光接觸一下，除了有助於增加信心外，也讓緊張的情緒稍加平復，之後，目光再移往下一位聽眾。試著和大部分的聽眾目光接觸，交替著凝視全部聽眾，和聽眾目光接觸不僅可以提高他們的專注力，也可藉此讓聽眾感受演講者投入的心力。

　　曾有學生問我：萬一到了個陌生的場合，放眼望去無一人熟識怎麼辦？這時就先找一些面容、目光和善的聽眾，說什麼都會點頭的聽眾，這些聽眾通常較無敵意，比較好作眼神交會，接著慢慢建立與其的互動效果後，再將眼神轉移到其他人的身上。

參、
如何與觀眾進行互動

一、使用議程投影片與複習投影片

在演說過程中，簡報人的議程大綱投影片有「告訴聽眾，我將要說的內容是什麼」，是一種預告的作用；而複習投影片則是「告訴聽眾，我已經告訴了什麼」，以及課程相關的參考資料。

我的經驗是簡報的投影片PPT會儘量簡單，因為投影資料只是補充或是提示簡報的重點，簡報是靠人傳遞訊息的，簡報人必須掌握全場的脈動。但是如果投影片是要給課後複習，或是放在網路供人瀏覽，這時投影片的訊息就必須完整，以免讓人無法理解。

二、答問時段

很多的簡報提案結束後，緊接著會面對客戶的問答時段，特別是廣告提案比稿，都會安排問答的時間，針對這部分，有幾個準備的方向供簡報人參考：

（一）控制場面

為防範過多的人提出問題，或者捲入和同一個人的冗長對答，最好的方法是明白指定一種希望的發問模式。此外，要和發問人的目光保持接觸，但不要打斷發問。這種模式經常在記者會出現，特別是澄清或事件說明的簡報會上所採用。

（二）答問20與80法則

注意力的20%是給發問者，80%是留給其他聽眾。不要以爲只有發問者不理解問題，其實廣大未發問者才是不清楚，因此，注意力的分配是很重要的，千萬別輕忽未提問者的疑惑。

（三）面對有敵意的問題

碰到這樣的問題，先要保持冷靜，然後輕鬆地重複自己的立場，或是可以說：「那是很有趣的觀點，你自己認爲呢？」用輕鬆的方式帶過。

（四）提供講義

提供有用的講義及具附加價值的資訊讓聽眾帶走，以協助與會者回想起簡報內容。

三、聽眾失掉興趣時，如何重新再找回聽眾？

（一）暫停演講

然後緊接著講：「綜合上面所講的，我認爲最重要的是……你們同意嗎？」重回演講步調。聽眾一旦坐太久，便失去耐心與注意力，講出重點故意捨去解釋，接著丟出疑問，因爲講太快，聽眾會提出疑問，這時聽眾的注意力又回來了。

（二）轉爲活潑誇張

例如：突然敲打演講台、提高音量等，「絕對，絕對，絕對不能讓競爭者偷掉我們的市場占有率」，強調三次因爲重要，更重要的是借此吸引聽眾的注意。

（三）移動

從講台走出，走到第一排聽眾的位置，問他們是否同意你的看法。

（四）稍微搞笑一下

例如：模仿消費者講話或競爭者的口吻（用好笑的方式）等，都可以吸引注意。

（五）提出問題

例如：哪一位能針對我剛剛所講的做一個結論？但別真的找出一位，讓他尷尬的站在那裡。

（六）休息一下

特別是演講已經超過一個小時後，告訴聽眾精采的部分馬上就要來了。

四、如何控制緊張的情緒？

（一）知道自己在講些什麼，而且是真的知道內容。如果哪個部分是生疏的，不要害怕去承認。

（二）相信自己所說的。要說服別人前，要先說服自己。

（三）別對自己太嚴苛。若別人說錯一字或犯一點小錯，你會認為他是笨蛋嗎？所以別對自己太嚴厲。

（四）告訴自己只是腎上腺素提高而不是緊張，況且緊張也是正常的現象。

五、面對聽眾或客戶質問的態度

態度上，不要太強硬，Q&A或許是另一個解釋的機會，跟提案的品質無關。

（一）預期任何會被詢問的問題，找個會挑毛病的人問最困難的問題或最笨（簡單）的問題。

（二）萬一出現狀況，例如：聽眾故意刁難或攻擊個人問題時，讓資深提案者回應。將問題導入正題，Focus on the logic, not the emotion，絕不可轉身就走或情緒化，因為這或許是客戶的一種考驗，可以反問：依您過去的經驗，您的意見為何？刺探客戶的意向再回答。

六、面對聽眾提問的幾項原則

（一）緩和、微笑。

（二）避免冗長的回答。

（三）回答前先想好，不要含糊其詞，可先暫停再答。

（四）重複一下問題，確定你真的了解問題。

（五）不清楚問題時，請聽眾再複誦一次。

（六）儘量使用先前的簡報內容回答，用不同的角度註解爭議點與訴求的內容。

（七）避免回答聽眾（客戶）未提出的問題。

（八）指定簡報團隊中的一員記錄問題，免得回答不完整或遺漏問題。

（九）不會不要裝懂，告訴聽眾你回去查一下資料。

（十）將大問題仔細切割為小問題並個個擊破。

肆、
如何評估自己的簡報技巧

改進自我簡報的兩大方向

（一）學習各種提升簡報技巧的方法。

（二）從你的聽眾中求得Feedback。

　　　1. 支持點不夠？

　　　2. 聽起來不夠客觀、不合邏輯？

　　　3. 不夠清晰，聽眾不知你講什麼？

　　　4. 無法有說服聽眾的理由？

　　　5. 聽眾喪失注意力，錯失了簡報重點？

伍、結論
——塑造形象與提升簡報技巧

一場成功的簡報不僅讓自己的專業形象加分，更能完成使命，以下幾點概念將有助於提升個人簡報的技巧：

第一、有效地溝通與表達，善用無聲的肢體語言。

第二、儀表端莊，口齒清晰；應對得宜，掌握情緒。

第三、誠信無偽，坦率正直；表裡一致，言行如一。

第四、充實自我，與時俱進；接受挑戰，勇於任事。

第五、暢通人脈，廣結善緣；善用口碑，肯定讚美。

第六、爭取機會，表現自我；創造機會，揚名於外。

第七、善用媒體，謹言慎行；動態定位，自我更新。

第八、具有豐富的學識與常識，認識與了解自己的缺失。

第九、待人誠懇、熱忱；予人有幹勁、有能力的印象。

第十、隨時調整自我，迎接未來挑戰。

▶ 問題思考與討論

1. 公眾演說時，個人的肢體語言及動作，很多都是與生俱來的習慣動作或是在日常生活中不知不覺的養成了，而且這些缺點往往不自知，想想看，用什麼方法可以發覺自己的缺點及問題，進而慢慢修正過來？

2. 許多有經驗的簡報提案人，都會覺得面對客戶的質問是一項很難的挑戰，特別是面對客戶的刁難時，試著思考看看如何能化解這個危機，讓客戶對你的態度改觀呢？

參考書目

1. 張忘形（2019）。忘形流簡報思考術。台北：時報文化出版。

2. 賴建都（2014）。簡報技巧與演練。委任公務人員晉升薦任官等訓練課程講義，國家文官學院（未出版）。

3. 賴建都（2016）。公務簡報實務。公務人員基礎訓練課程講義，國家文官學院（未出版）。

4. 謝寶煖（2001）。簡報技巧。上網日期：2020年10月5日，取自 https://www.lis.ntu.edu.tw/~pnhsieh/lectures/presentationskills.htm

5. Haden, Jeff (2014). 10 Phrases Great Speakers Never Say, 上網日期：2020年10月30日，取自 https://www.inc.com/jeff-haden/10-things-speakers-should-never-say-th.html

6. Karia, Akash (2013). How to Deliver a Great TED Talk: Presentation Secrets of the World's Best Speakers. Publisher: CreateSpace Independent Publishing Platform.

7. Kotter, John P. (2015). A sense of Urgency. Boston (Massachusetts): Harvard Business School Publishing.

8. Malamed, Connie (2009). Visual Language for Designers: Principles for Creating Graphics That People Understand. Beverly (Massachusetts): Rockport Publishers.

9. Moriarty, M. & Duncan, T. (1989). How to create and deliver winning advertising presentations. Lincolnwood (Chicago): NTC Business Books.

10. Petty, Richard & Cacioppo, John (1986). The Elaboration Likelihood Model of Persuasion, Advances in Experimental Social Psychology, vol. 19, pp. 123-205.

11. Reynolds, Andrea (2003). Emotional Intelligence and Negotiation. Hampshire: Tommo Press.

國家圖書館出版品預行編目（CIP）資料

簡報與提案說服：10堂職場必修簡報術/賴建
都著. -- 初版. -- 臺北市：五南圖書出版
股份有限公司, 2021.01
　面；　公分
ISBN 978-986-522-364-9(平裝)

1.簡報

494.6　　　　　　　　　　　109018554

1ZOP

簡報與提案說服
10堂職場必修簡報術

作　　者 — 賴建都（519）

發 行 人 — 楊榮川

總 經 理 — 楊士清

總 編 輯 — 楊秀麗

副總編輯 — 陳念祖

編　　輯 — 李敏華

封面設計 — 賴建都、王麗娟

封面影像來源 — shutterstock、freepik

出 版 者 — 五南圖書出版股份有限公司

地　　址：106台北市大安區和平東路二段339號4樓

電　　話：(02)2705-5066　傳　　真：(02)2706-6100

網　　址：https://www.wunan.com.tw

電子郵件：wunan@wunan.com.tw

劃撥帳號：01068953

戶　　名：五南圖書出版股份有限公司

法律顧問　林勝安律師事務所　林勝安律師

出版日期　2021年 1 月初版一刷

定　　價　新臺幣280元

經典永恆・名著常在

五十週年的獻禮——經典名著文庫

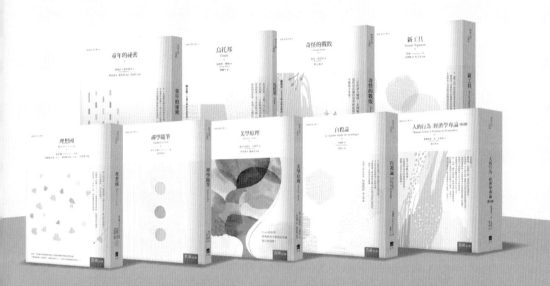

五南，五十年了，半個世紀，人生旅程的一大半，走過來了。

思索著，邁向百年的未來歷程，能為知識界、文化學術界作些什麼？

在速食文化的生態下，有什麼值得讓人雋永品味的？

歷代經典・當今名著，經過時間的洗禮，千錘百鍊，流傳至今，光芒耀人；

不僅使我們能領悟前人的智慧，同時也增深加廣我們思考的深度與視野。

我們決心投入巨資，有計畫的系統梳選，成立「經典名著文庫」，

希望收入古今中外思想性的、充滿睿智與獨見的經典、名著。

這是一項理想性的、永續性的巨大出版工程。

不在意讀者的眾寡，只考慮它的學術價值，力求完整展現先哲思想的軌跡；

為知識界開啟一片智慧之窗，營造一座百花綻放的世界文明公園，

任君遨遊、取菁吸蜜、嘉惠學子！